教育部卓越教师培养计划改革项目成果教材

生物

（下 册）

主　编　陈　鸥

副主编　胡艺珂　聂　磊

　　　　黄镇洋　佟玲玲

参　编　刘士寻　欧阳贝思

U0361319

特配电子资源

微信扫码
- 延伸阅读
- 视频学习
- 互动交流

南京大学出版社

图书在版编目(CIP)数据

生物. 下册 / 陈鸥主编. — 南京：南京大学出版社，2021.1(2022.1重印)

ISBN 978 - 7 - 305 - 24217 - 5

Ⅰ. ①生… Ⅱ. ①陈… Ⅲ. ①生物学－师范学校－教材 Ⅳ. ①Q

中国版本图书馆 CIP 数据核字(2021)第 024129 号

出版发行　南京大学出版社
社　　址　南京市汉口路 22 号　　　邮　编　210093
出 版 人　金鑫荣

书　　名　生物(下册)
主　　编　陈　鸥
责任编辑　江宏娟　　　　　　　编辑热线　025 - 83597243

照　　排　南京南琳图文制作有限公司
印　　刷　南京人民印刷厂有限责任公司
开　　本　787×1092　1/16　印张 9.25　字数 214 千
版　　次　2021 年 1 月第 1 版　2022 年 1 月第 2 次印刷
ISBN 978 - 7 - 305 - 24217 - 5
定　　价　42.00 元

网址：http://www.njupco.com
官方微博：http://weibo.com/njupco
官方微信号：njupress
销售咨询热线：(025) 83594756

前 言

　　学前教育、小学教育作为国民教育的重要组成部分，是以培养具有一定理论知识和较强实践能力、面向教育教学的专门人才为目的的教育。它的课程特色是在必需、够用的生物学理论知识基础上进行系统的学习和专业技能的训练。

　　本教材根据学前教育、小学教育的特点，以教师教学实际工作岗位所需的基础知识和实践技能为基础，以提高学生的基本能力和素质为目标，按模块化结构组织教学内容，注重实践能力和探究能力的培养，注重理论与实践的紧密结合，突出"实际性、实用性、实践性"，旨在使学生通过学习了解生物学的基本思想，掌握基本原理和基本方法，并把知识应用到实践中去，培养科学教育实践的基本素质，具备生命科学的阅读、探究和实验的基本能力。

　　本教材根据普通生物学的知识体系，安排了生物分类基础知识，介绍了病毒界、原核生物界、原生生物界、真菌界、植物界和动物界这些生物类群的形态生理特点及常见种类，并在有关章节及课外阅读部分介绍了生物学科发展的最新成果。本教材的使用对象是初中毕业生，因此内容体系参照高中教材的范围。每章前都提出本章的学习目标，提供了章节内容中的关键词，附有实践活动和思考题。

　　本书既可作为高等院校初中起点 5 年制、6 年制学前、小学教育类专业的教材，也可作为高等职业技术院校、大中专及职工大学初等教育类、学前教育类、生物类等相关专业的教材，以及相关技术人员的参考教材。

　　全书由长沙师范学院陈鸥担任主编，湖南幼儿师范高等专科学校胡艺珂、长沙师范学院聂磊和佟玲玲、湘中幼儿师范高等专科学校黄镇洋担任副主编，长沙师范学院刘士寻和欧阳贝思担任参编，最后由陈鸥负责统稿审定。

　　由于编者水平有限，经验不足，书中的缺点和错误在所难免，恳请读者给予批评指正。

编 者

2021 年 1 月

目 录

第六章 植 物

第七章 动 物

第一章　生物分类及分类系统

学习目标 ▶

- 了解生物分类的自然分类法和生物命名的双名法。
- 了解生物分类的六界系统。

主要术语 ▶

　　自然分类法　　人为分类法　　双名法

请写出本章知识网络图 ▶

一、生物的分类

　　随着生物学的发展,科学家发现了越来越多种类的生物,由于没有统一的分类和命名方法,造成各地的生物学家交流困难,进一步造成研究的困难。林奈发现了这个问题,经过研究,建立了自然分类系统和双名制命名法,为全世界生物分类统一了标准,成为生物分类学的奠基人。

1. 生物分类的方法

　　生物分类就是把所有生物按照形态、结构、生理功能、分布、生态等特点划分成一个个生物类群的过程。生物分类不是一成不变的,随着研究的深入,还在不断地发生变化。

（1）人为分类法

人为分类法是按照人类的某些目的和需求，以生物一个或几个特征或经济意义作为分类依据的分类方法。此种方法无法正确反映生物类群的进化规律和亲缘关系。

以下是几种常用的植物人为分类方法：

根据植物的茎木质化程度不同，种子植物可以分为草本植物和木本植物两大类。

草本植物：草本植物是指茎内木质部不发达，木纤维等木质化细胞比较少的植物。草本植物的茎比较柔软，植株一般比较矮小，有生命周期在一年内完成的一年生草本植物，如辣椒、苦瓜等；有生命周期在两年内完成的二年生草本植物，如油菜等；还有能生存多年的多年生草本植物，如吊篮等。

木本植物：木本植物是指茎内木质部发达，木纤维等木质化细胞比较多的植物。木本植物的茎坚硬而直立，能不断长粗变硬，植株一般比较高大，寿命较长。所有的裸子植物都是木本植物。被子植物中的双子叶植物，既有草本植物，又有木本植物；被子植物中的单子叶植物，绝大多数是草本植物。

木本植物根据主干是否明显，又可以分为乔木和灌木两类。

木本植物根据冬季是否有绿叶分为落叶树和常绿树。

（2）自然分类法

自然分类法是以生物进化过程中亲缘关系的远近作为分类标准的分类方法。林奈提出植物的自然分类法就主要参照植物的生殖器官，这种方法科学性较强，在生产实践中也有重要意义。现在生物学家按照生物的相似程度把它们分成不同的类别。分类等级依次是：界、门、纲、目、科、属、种，一共七个等级。

2. 生物命名的方法

自然界中的生物种类繁多，每种生物都有它自己的名称。由于世界上各种语言之间差异很大，同一种生物在不同的国家、地区、民族往往有不同的叫法。同名异种和同种异名的现象常常出现，影响了研究的深入和交流。

瑞典著名植物学家林奈在他的《植物种志》一书中，用他新创立的"双名命名法"对植物进行统一命名。

双名法是标准的生物命名法。名字由两部分构成：属名和种加词。属名须大写，种加词则不能，种加词后面还应有命名者的姓名。双名法的生物学名部分均为拉丁文。

如月季的学名是 *Rosa chinensis*，*Rosa* 是属名，*chinensis* 是种加词；银杉的学名是 *Cathaya argytopphylla* Chun et Kuang，Chun et Kuang 是两位命名者的姓氏。

> **思考与讨论：**
> 外观相似的生物亲缘关系一定很近吗？为什么？

二、生物的分界

生物分界是把地球上的所有生物按照形态、结构、生理功能、分布、生态等等特点而划分成一个个比较接近的各种生物类型集体的过程。生物分界是一项不断进行中的工作，随着科学的发展而不断深化。科学家根据生物体内的细胞类型、自身合成食物的能力以及体内细胞的数量结构等特征对地球上的生物进行了分类。现在得到较多认同的是将生物分为原核生物界、原生生物界、植物界、动物界、真菌界、病毒界六个界。

练习与巩固

1. 为什么生物学家要对生物进行分类？

2. 根据学过的分类知识，完成下列表格：

特征	类别名称	分类方法
树木是否有主干	灌木和乔木	人为分类法
没有成型的细胞核		自然分类法
异养，具有细胞壁的真核生物		自然分类法
	草本和木本	
	昆虫纲	

3. 关于生物的分类，下列说法正确的是　　　　　　　　　　　　（　　）

　　A. 同门必同科　　　　　　　　　B. 同纲必同目

　　C. 同目必同属　　　　　　　　　D. 同种必同科

4. 在给生物进行分类时，分类越细，生物之间　　　　　　　　　（　　）

　　A. 亲缘关系越远

　　B. 共同的形态、结构和生理特征越少

　　C. 种类的数目越多

　　D. 共同的形态、结构和生理特征越多

5. 不属于生物分类的目的的是　　　　　　　　　　　　　　　　（　　）

　　A. 根据生物之间的相似程度，把生物划分为不同的等级

　　B. 科学地描述每一类群生物的形态、结构和生理特征

　　C. 发现新物种

　　D. 弄清不同生物类群之间的亲缘关系和进化关系

6. 有关学名的叙述，正确的是　　　　　　　　　　　　　　　　（　　）

　　A. 同一种生物有时也可能会有几个不同的俗名和学名

　　B. 属名的第一个字母必须大写

　　C. 若是双名法命名，通常种名是名词，而属名是形容词

　　D. 生物的学名由两个字组成，而前一个字表示该生物的种名

第二章　病　毒

学习目标 ▶

- 了解病毒是极其微小的、没有细胞结构、必须寄生的简单生物。
- 了解常见的病毒与人类的关系。

主要术语 ▶

病毒　寄生　噬菌体

请写出本章知识网络图 ▶

一、病毒的特点

　　病毒是介于生物与非生物之间的一类物质，因为它没有细胞结构，单独存在时，处于非生物状态，生长发育不消耗能量，不能对周围环境做出反应，不能合成并消耗有机物或产生代谢废物。然而，一旦病毒侵入活细胞就能够繁殖并处于生物状态。病毒与其他生物唯一相似之处在于它能够不断繁殖，但是病毒的繁殖方式与其他生物大不相同，病毒只能在活细胞中增殖。

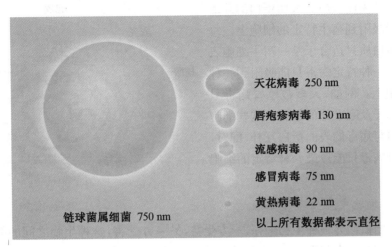

天花病毒 250 nm

唇疱疹病毒 130 nm

流感病毒 90 nm

感冒病毒 75 nm

黄热病毒 22 nm

链球菌属细菌 750 nm

以上所有数据都表示直径

图 2-1 病毒的大小

1. 是所有生物中最小的个体

病毒一般用纳米(nm)计算其大小(图 2-1),只有在电子显微镜下才能看到。最小的病毒,如黄热病毒的直径为 22 nm;最大的病毒,如天花病毒的直径则约为 250 nm。病毒按形态分为球状病毒、杆状病毒、蝌蚪状病毒和丝状病毒等几种类型(图 2-2)。噬菌体就是寄生于细菌的病毒。

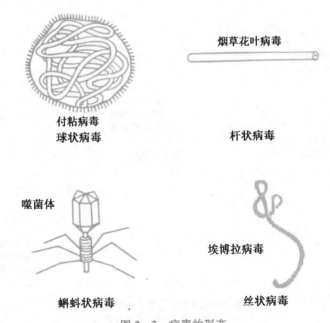

烟草花叶病毒

付粘病毒
球状病毒

杆状病毒

噬菌体

埃博拉病毒

蝌蚪状病毒

丝状病毒

图 2-2 病毒的形态

2. 其结构包括蛋白质外壳及内部的遗传物质

所有的病毒都有两个基本的组成部分:保护病毒的蛋白质外壳和由遗传物质组成的内核(图 2-3)。在侵染宿主细胞的过程中,病毒表面的蛋白质具有重要作用。每个病毒都带有特定的表面蛋白。表面蛋白的外形使得病毒能吸附到宿主特定的细胞上。每种病毒的蛋白质只适合于某一宿主细胞表面的蛋白。一种特定病毒只能吸附到一种或几种细胞上。例如，大多数感冒病毒只侵染人的鼻子及咽喉处的细胞。这些细胞的表面蛋白与病毒的表面蛋白互补、配对，这就是一种病毒只能侵染一种特定的细胞的原因。

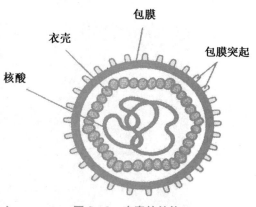

图2-3 病毒的结构

3. 在活细胞中寄生，以复制的方式增殖

一种生物依赖另一种生物生存，一方受益，另一方受害，这种生物之间的关系称为寄生。病毒只能在活细胞中增殖，病毒侵入其中并进行增殖的有机体被称为宿主。被寄生的细胞表面有能与病毒选择性结合的特定化学物质，一旦结合，则核酸或整个病毒进入细胞质，并立即控制了宿主细胞的生物合成系统，按照病毒遗传物质携带的密码进行转录翻译，之后合成的病毒蛋白质和核酸被装配成新的病毒。通常许多装配好的病毒以"出芽"或细胞破裂的方式释放（图2-4）。

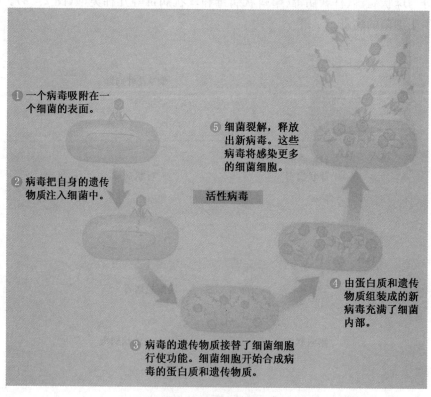

① 一个病毒吸附在一个细菌的表面。

② 病毒把自身的遗传物质注入细菌中。

活性病毒

③ 病毒的遗传物质接替了细菌细胞行使功能。细菌细胞开始合成病毒的蛋白质和遗传物质。

④ 由蛋白质和遗传物质组装成的新病毒充满了细菌内部。

⑤ 细菌裂解，释放出新病毒。这些病毒将感染更多的细菌细胞。

图2-4 病毒的增殖

4. 在增殖过程中极易发生变异

病毒的变异性十分突出。研究表明，流感周期性流行的原因是流感病毒不断地发生变异，而每 10 年左右可发生大的变异，变得面目全非，以至于人体内原有的抗体无法识别，原有的药物也失去作用。由于流感病毒易发生变异，疫苗常难以跟上控制流行的需要，因而引起周期性大流行。由于病毒的变异性极强，使得人类研究病毒性疾病的阻力更大。

知识拓展

隐性病毒

有的病毒进入细胞后并不立刻行动，而是先潜伏一段时间。这些病毒进入宿主细胞后，它们的遗传物质将成为细胞遗传物质的一部分。在潜伏期，病毒并不影响细胞的正常功能，在相当长一段时间内其遗传物质都将保持非活性状态。每当宿主细胞分裂时，病毒的遗传物质会随着细胞遗传物质的复制而复制。在一定条件下，病毒的遗传物质会突然被激活。于是，隐性病毒将接替细胞行使其功能。很快宿主细胞内充满了新合成的病毒，宿主细胞就开始裂解并释放出病毒。

引发人类唇疱疹的病毒就是一种隐性病毒，这种病毒能够在面部神经细胞中保持非活性状态长达数月或数年之久。在潜伏期，该病毒不会引起任何症状，但是一旦它被激活，就会在嘴唇附近形成肿胀、疼痛的溃疡。

二、病毒与人类的关系

1. 病毒的益处

科学家把病毒应用于一种新技术——基因疗法。在基因疗法中，科学家利用病毒能够进入宿主细胞的特性，将一些重要的遗传物质加载到一个病毒上，然后使这个病毒成为信使，把这些遗传物质传递给那些有需要的细胞。

人们还利用噬菌体来杀灭一些病原菌，从而治疗一些细菌性疾病。烧伤病人的患处很容易感染绿脓杆菌，而绿脓杆菌对许多抗生素和化学药品的抵抗力很强，因而使病人容易继发败血症。人们利用了绿脓杆菌噬菌体专门寄生在绿脓杆菌上而对人体细胞没有危害的特点，用这种噬菌体来治疗烧伤病人的感染，效果很好。

2. 病毒与疾病

病毒广泛寄生于动植物等生物体内，造成寄主生物感染疾病。病毒性疾病传染性强、传播广，严重威胁寄主的生命和健康。人类重要的病毒性疾病目前主要是乙型肝炎、扁桃体炎、水痘、流行性感冒、麻疹、腮腺炎、风疹、狂犬病、脊髓灰质炎（小儿麻痹）、艾滋病、登革热等。

病毒还能引起多种人和动物如蛙、鸡、仓鼠、小鼠、兔、马以及灵长类（猴）等的细胞癌变。现在已经找到了多种致癌病毒。例如,宫颈癌与 HPV 人乳头瘤病毒感染有关;多形瘤病毒能使实验室小鼠细胞恶化;SV40 是 DNA 病毒,能使仓鼠结缔组织生癌。

练习与巩固

1. 病毒与其他生物的区别?
2. 下列哪一项不是利用病毒为人类服务的实例 （　）
   A. 用无脊椎动物病毒制成杀虫剂
   B. 用噬菌体治疗烧伤病人的化脓性感染
   C. 给高烧病人注射青霉素
   D. 给健康人注射流行性乙型脑炎疫苗
3. 病毒在寄主细胞内的生命活动主要表现在 （　）
   A. 游动和生长　　　　　　　　　B. 繁殖新个体
   C. 生长发育　　　　　　　　　　D. 取食、消化、吸收
4. 病毒的结构是 （　）
   A. 蛋白质的外壳和内部的遗传物质
   B. 遗传物质的外壳和蛋白质的核心
   C. 细胞壁的外壳和遗传物质的核心
   D. 蛋白质的外壳和内部的细胞核
5. 病毒繁殖的场所是 （　）
   A. 土壤中　　　　B. 活细胞中　　　　C. 空气中　　　　D. 水中

第三章 原核生物

学习目标 ▶

- 了解原核生物细胞的特点。
- 了解常见的原核生物如细菌等生物的特点及其与人类的关系。

主要术语 ▶

原核生物 细菌 腐生 自养 异养 光能自养 化能自养

请写出本章知识网络图 ▶

一、原核生物界的特点

原核生物细胞中没有带膜的细胞器,也没有细胞核膜,因此细胞核不成形,只有一个核酸分子区域。原核生物主要包括细菌、蓝藻、放线菌、立克次氏体、支原体和衣原体。

二、常见物种的特点及与人类的关系

1. 细菌

(1) 细菌的形态结构特点

细菌的分布非常广泛,在我们每一个人身上、食物里和空气中都有细菌的存在。细菌是一类微小的单细胞生物,肉眼无法看见,直到 17 世纪列文虎克通过自己制作的显微镜观察牙缝里的污垢,看到像蠕虫一样的微小生物。绝大多数细菌的直径大小在 0.5～5 微米之间,约有 2 000 多种。细菌有球形、杆形和螺旋形三种形态(图 3-1)。

细菌的基本结构包括细胞壁、细胞质和细胞核质,一些细菌具有荚膜、鞭毛(图 3-2)。

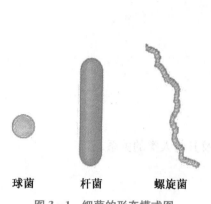

球菌　　杆菌　　螺旋菌

图 3-1　细菌的形态模式图

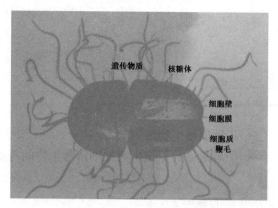

遗传物质　核糖体

细胞壁
细胞膜

细胞质
鞭毛

图 3-2　细菌的结构模式图

(2) 细菌的营养与呼吸

根据生物在代谢过程中能不能利用无机物制造有机物来维持生命活动,将生物的营养方式分为自养型和异养型;根据生物对氧的需求情况分为需氧型和厌氧型。细菌的营养和呼吸方式呈现出多样性。大多数细菌的营养方式是异养的,少数是自养的。

① 异养细菌

绝大多数细菌都是异养的。异养细菌必须摄取有机物,从动植物尸体或腐烂组织中获取营养维持自身生活的细菌,属于腐生细菌,食物腐烂就是由于异养细菌生于其中之故。依靠活的动植物体内的有机物作为食物及能源,属于寄生细菌。

② 自养细菌

光能自养型　能进行光合作用的细菌称之为光合细菌。光合细菌包括蓝细菌、紫细菌和绿细菌等。其中蓝细菌的光合过程与真核生物相似,紫细菌和绿细菌利用有机物或还原的硫化物等作为还原剂。例如:紫色硫细菌和绿色硫细菌利用 H_2S 作为氢供体,在光下同化 CO_2:

$$CO_2 + 2H_2S \xrightarrow[\text{光合色素}]{\text{光}} (CH_2O) + 2S + H_2O$$

化能自养型　有少数种类的细菌能够利用环境中的某些无机物氧化时所释放出来的能量制造有机物,并且依靠这些储存能量的有机物维持生命活动,即化能自养型细菌。例如,硝化细菌能够把土壤中的氨(NH_3)转化成亚硝酸(HNO_2)和硝酸(HNO_3)并且利用这个氧化过程中释放出的能量合成有机物。

$$2NH_3 + 3O_2 \xrightarrow{\text{硝化细菌}} 2HNO_2 + 2H_2O + 能量$$

$$2HNO_2 + O_2 \xrightarrow{\text{硝化细菌}} 2HNO_3 + 能量$$

$$6CO_2 + 6H_2O \xrightarrow[\text{硝化细菌}]{\text{能量}} C_6H_{12}O_6 + 6O_2$$

③ 细菌的呼吸作用

细菌的呼吸作用与其他生物一样,需要稳定的能量,能量由食物而来。细菌分解食物并从中取得能量的过程叫作呼吸作用。大部分细菌和其他许多生物一样,分解食物时需要氧气。但是有一些细菌的呼吸作用不需要氧气。实际上,一旦它们所处的环境中出现氧气,它们的末日就到了。对这些细菌来说,氧气是致命的,这就是厌氧细菌。

(3) 细菌的增殖

当环境中有足够的食物、适宜的温度及其他合适的条件时,细菌就能存活并迅速地增殖,有些在适合的条件下每 20 分钟就增殖一次。

① 无性生殖

细菌以二分裂的方式进行增殖。这是一个母细胞分裂成两个子细胞的过程。无性生殖是指只有一个亲代,并产出与亲代完全相同的后代的生殖过程。细菌进行二分裂时,细胞会首先复制它的遗传物质,然后将其平均分配到两个独立的细胞中。每个子细胞都能得到与母细胞完全相同的遗传物质和一部分母细胞的核糖体和细胞质。

② 有性生殖

有性生殖包括两个亲本,它们将自身的遗传物质组合起来,制造出不同于双亲的新个体。在结合过程中,一个细菌通过两个细胞间的胞间连线,将一部分遗传物质传递到另一个细菌的细胞中(图 3 - 3)。传通完毕后,细菌就分离开。结合生殖使得细菌内的遗传物质有了新的组合,当这些细菌经二分裂分离后,重新组合而成的遗传物质传递到了

图 3 - 3　细菌的有性生殖

子代细胞中,结合生殖虽然不能增加细菌的个数,但是可以造就与亲代存在一定遗传变异的新细菌。

(4) 细菌与人类的关系

① 益处

环境的净化　腐生细菌与其他微生物共同作用,将动植物尸体粪便垃圾分解成 CO_2、N、P、S 等,不断地供给绿色植物进行光合作用,合成有机物。细菌可以帮助处理污水。利用细菌等微生物的活动来处理的方法叫生物处理法。这种方法是利用细菌等微生物的分解作用,使有毒物质转化成无毒的污泥。

农业中的应用　土壤中的固氮菌、自生固氮菌与豆科植物共生的根瘤菌还能将空气中的游离氮转化为含氮化合物,为植物提供氮素营养。细菌杀虫剂可以有针对性地将害虫杀死而对人畜无害。

医疗保健　我们身体里有些细菌保护我们的健康,如肠道益生菌使我们的肠道保持一种稳定的状态并合成维生素。细菌还可以预防疾病。例如,伤寒是由伤寒杆菌引起的一种急性传染病。伤寒菌疫苗是人们利用死去的伤寒杆菌让人产生免疫力,从而对预防伤寒产生很好的效果。

制作食物　除了用于制作酸菜、醋和味精等食品和调味品以外,工业上早已利用细菌来生产丁醇、丙酮、乳酸和维生素C等产品。

制造氧气　自养型细菌利用太阳能制造食物时,还释放出氧气。数十亿年前,地球上几乎没有氧气。科学家认为正是自养型细菌率先为地球大气层贡献了氧气。

知识拓展

巴氏灭菌法

法国微生物学家巴斯德发明的方法。巴氏杀菌法是指将食物加热到较低温度(一般在60~82℃),并保持此温度30 min以后急速冷却到4~5℃,急剧的热与冷变化也可以促使细菌的死亡,达到杀死微生物营养体的目的,是一种既能达到消毒目的又不损害食品品质的方法。

但经巴氏消毒后,仍保留了小部分无害或有益、较耐热的细菌或细菌芽孢,因此巴氏消毒牛奶要在4℃左右的温度下保存,且只能保存3~10天,最多16天。

② 害处

细菌会使人、农作物、家禽和家畜生病。如,破坏人体组织的结核杆菌、产生有毒物质破坏人体正常功能的白喉杆菌等。细菌还能使食物腐败变质。

实践活动

在超市里找出四种利用细菌制成的食物,并思考这些食物是采取什么方式防腐的。请将调查与思考的结果列出表格。

2. 放线菌

放线菌大多数有发达的分枝菌丝(图3-4)。菌丝宽度约0.5~1微米,可分为:营养菌丝,又称基质菌丝,主要功能是吸收营养物质,有的可产生不同的色素,是菌种鉴定的重要依据;气生菌丝,叠生于营养菌丝上,当气生菌丝发育到一定程度,其顶端分化出的可形成孢子的菌丝,叫孢子丝,这是用于繁殖的菌丝。

放线菌与人类的生产和生活关系极为密切,目前广泛应用的抗生素约70%是由各种放线菌产生。一些种类的放线菌还能产生各种酶制剂(如蛋白酶、淀粉酶和纤维素酶等)。

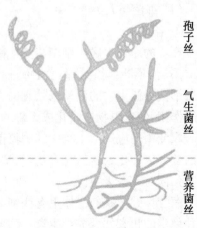

孢子丝

气生菌丝

营养菌丝

图3-4　放线菌的形态

3. 蓝藻

蓝藻是单细胞的光能自养型原核生物,营养要求低,对恶劣环境的耐受力强。在自然界中,蓝藻主要分布在含有机质较多的水中,部分生活于潮湿的土壤、岩石、树干和海洋中;也有的蓝藻同真菌共生形成地衣,或生活在植物体内形成内生生物;少数种类分布在85 ℃以上的温泉或终年积雪的极地。

有些蓝藻多个聚集在一起形成多细胞群体或多细胞丝状体,但每个细胞仍然是独立生活的。蓝藻因具有光合色素(除叶绿素外,还含有胡萝卜素、叶黄素、藻蓝素、藻红素等),能进行光合作用。

许多固氮蓝藻能与真菌、苔藓、蕨类及种子植物建立共生关系。如蓝藻和真菌共生构成的地衣,能生活在各种环境中,耐干旱、抗严寒,是拓荒的先锋,对自然环境有重要的影响,还可作为空气污染、采矿的指示植物。

有些蓝藻可供食用或作鱼的饵料,但有时水体中蓝藻的过量繁殖会造成危害,使水体的氧气耗尽,导致鱼类和其他水生生物窒息。

4. 立克次氏体

立克次氏体是在20世纪初由美国年轻的病理学家立克氏在研究斑疹伤寒病时首先发现的,后来他在研究中受感染而去世。为了纪念他,人们便以他的名字来命名这类微生物。立克次氏体介于细菌与病毒之间,较接近细菌,一般为球形或杆状,细胞结构和繁殖方式类似细菌。立克次氏体为专性细胞内寄生生物,常寄生在节肢动物体内,并以其作为传播媒介。有少数种类还会引起人类患病,如流行性斑疹伤寒等。

5. 支原体

支原体介于细菌和立克次氏体之间,是目前所知的能独立生活的最小的单细胞生物。支原体形态多样,通常呈不规则的球状、椭圆状、长丝状、螺旋丝状,有时有分枝。支原体营寄生、共生或腐生生活。受支原体侵染的鸟类、哺乳动物、人或植物体会发生各种病害。

6. 衣原体

衣原体介于立克次氏体和病毒之间,形态似立克次氏体,一般呈球形或链状。衣原体能通过细菌滤器,不能独立生活,是活细胞内的专性寄生生物,能直接侵入宿主细胞,如导致人和动物患沙眼、人类和鸟类患鹦鹉热等疾病。

知识拓展

抗生素

抗生素是由微生物(包括细菌、真菌、放线菌属)或高等动植物在生活过程中所产生的具有抗病原体或其他活性的一类次级代谢产物,能干扰其他生活细胞发育功能的化学物质。抗生素是很低浓度下能够在人体里面使用的毒性比较低、安全性比较高的药物。其作用是杀灭感染我们的病原体,控制疾病,以最终治疗疾病。抗生素广泛使用以后可能产生很多不良反应,还可能产生耐药性。

练习与巩固

1. 冰箱里的食物不容易腐烂变质,你认为是什么因素限制了冰箱里细菌和真菌的繁殖 （ ）

    A. 见不到阳光   B. 过于潮湿   C. 温度低   D. 空气不流通

2. 下列关于细菌的叙述,正确的是 （ ）

    A. 没有叶绿体、线粒体,生活不需要能量

    B. 靠分裂生殖,环境适宜时繁殖速度很快

    C. 没有成形的细胞核,适应环境能力很弱

    D. 不需要进行呼吸作用,所以没有线粒体

3. 你如果尝试这样自制酸奶:将新鲜的牛奶加入适量的蔗糖煮沸后,装入消毒的大口玻璃瓶内,再将适量的酸奶倒入其中。能够成功制成酸奶的操作是 （ ）

    A. 煮沸后立即倒入酸奶并封存

    B. 煮沸后冷却再倒入酸奶并封存

    C. 煮沸后立即倒入酸奶不封存

    D. 煮沸后冷却再倒入酸奶不封存

4. 自养和异养的主要区别是 （ ）

    A. 是否能独立生活   B. 是否能将无机物合成有机物

    C. 是否能进行光合作用   D. 生命活动中是否消耗能量

5. 罐头食品在很长时间内不会腐败变质的原因是 （ ）

    A. 密封很严,细菌没有机会出入

    B. 密封很严,细菌无法呼吸而死亡

    C. 封盖前高温灭菌,封盖后罐内没有活细菌

    D. 高温、高压影响了罐内细菌的繁殖

第四章 原生生物

学习目标 ▶

- 了解原生生物的基本特点。
- 了解常见的原生生物的特点及其与人类的关系。

主要术语 ▶

原生生物 藻类 原生动物 共生

请写出本章知识网络图 ▶

一、原生生物的特点

有些简单的真核生物差异比较大,分到动物界、植物界和真菌界都不合适,但它们都有成型的细胞核,多数是单细胞生物,也有部分是多细胞的,但没有组织器官分化,生活在水中或者潮湿的地方。

二、常见的原生生物

1. 藻类

(1) 藻类的特征

细胞结构和植物一样,因此一般被认为是最低等的植物,缺乏组织和器官的分化,有的种类在外形上有类似根、茎、叶的构造。有光合作用的能力,利用孢子繁殖,生长在水中。

（2）常见的种类

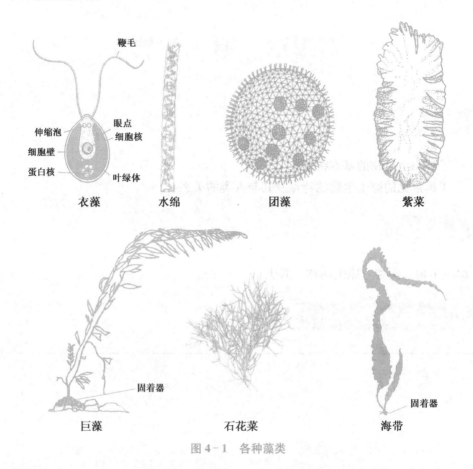

鞭毛

伸缩泡
细胞壁
蛋白核

眼点
细胞核
叶绿体

衣藻　　　水绵　　　团藻　　　紫菜

固着器

固着器

巨藻　　　石花菜　　　海带

图 4-1　各种藻类

衣藻：有一个杯状叶绿体，有个感光的眼点，可以利用鞭毛游动，广泛分布于水沟、洼地和含微量有机质的水中。

海带：呈褐色，一般长 2～6 米，宽 20～30 厘米。海带分为固着器、柄部和叶片。固着器假根状，柄部粗短圆柱形，柄上部为宽大长带状的叶片。海带是低热量的营养菜，与一般的叶类蔬菜相比，除维生素 C 外，其粗蛋白、多糖、钙、铁、碘的含量均高出几倍、几十倍。

紫菜：由固着器、柄和叶片 3 部分组成。叶片是包埋于薄层胶质中的一层细胞（少数种类由 2 层或 3 层）构成的，长度自数厘米至数米不等。含有叶绿素和胡萝卜素、叶黄素、藻红蛋白、藻蓝蛋白等色素，因其各种色素含量的差异，致使不同种类的紫菜呈现不同的颜色，但以紫色居多。紫菜营养丰富，含碘量很高，同时富含胆碱和钙、铁，能增强记忆，治疗妇幼贫血，促进骨骼、牙齿的生长和保健；还可以明显增强细胞免疫和体液免疫功能，提高机体的免疫力；有助于防治癌症。

硅藻：是单细胞原生生物，有着漂亮的玻璃般的细胞壁（图 4-2）。有些硅藻浮在淡水和咸水的表面，有些则吸附在其他物体上，如浅水处的岩石。硅藻通过从自身细胞壁渗出的化合物运动，它们在黏土上滑行。硅藻是水中异养生物的食物源。硅藻一旦死亡，它们的细胞壁就会沉积到海底或湖底。随着时间的流逝，它们形成了一层粗糙的物质，即硅藻土。这是一种很好的光亮剂。制造商在大多数牙膏中都添加了硅藻土。

图 4-2　硅藻

2. 原生动物

（1）原生动物的特征

原生动物的细胞结构与动物一样没有细胞壁，一般被认为是最低等的单细胞动物。原生动物个体一般微小，大部分肉眼看不见，是可运动的掠食者或寄生者。原生动物生活领域十分广阔，可生活于海水及淡水内，底栖或浮游，但也有不少生活在土壤中或寄生在其他动物体内。

（2）常见的种类

疟原虫　其种类繁多，寄生于人类的疟原虫有 4 种，即间日疟原虫、恶性疟原虫、三日疟原虫和卵形疟原虫。在我国主要有间日疟原虫和恶性疟原虫。四种人体疟原虫的基本结构相同，都包括核、胞质和胞膜。寄生于人体的 4 种疟原虫需要人和按蚊两个宿主。在人体内先后寄生于肝细胞和红细胞内。

疟疾的一次典型发作表现为寒战、高热和出汗退热三个连续阶段。疟疾发作数次后，可出现贫血，脾肿大，抵抗力低下，甚至引起死亡。

知识拓展

屠呦呦与青蒿素

屠呦呦，女，1930 年 12 月 30 日生，药学家，中国中医研究院终身研究员兼首席研究员。屠呦呦是第一位获得诺贝尔科学奖项的中国本土科学家、第一位获得诺贝尔生理或医学奖的华人科学家。屠呦呦团队共筛选了两百多种中药，用乙醚提取青蒿中有效成分的关键性方法，从青蒿中提取到了一种分子式为 $C_{15}H_{22}O_5$ 的无色结晶体，他们将这种无色的结晶体物质命名为青蒿素。青蒿素为一具有"高效、速效、低毒"优点的新结构类型抗疟药，对各型疟疾特别是抗性疟疾有特效。

草履虫 是一种身体很小的单细胞动物。它寿命很短,能活一昼夜左右。因为其身体形状从平面角度看上去像一只倒放的草鞋底而叫作草履虫(图4-3)。

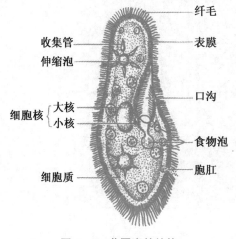

纤毛
收集管
表膜
伸缩泡
口沟
细胞核 大核
小核
食物泡
细胞质
胞肛

图4-3 草履虫的结构

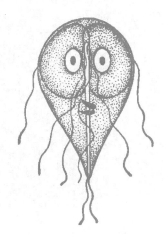

图4-4 鞭毛虫的结构

思考与讨论:
看似清澈的河水能不能直接喝,为什么?

鞭毛虫 大多数鞭毛虫有1条或多条鞭毛帮助其运动(图4-4)。一些鞭毛虫生活在其他生物的体内。例如,一种鞭毛虫就生活在白蚁的肠道中。这种鞭毛虫将白蚁摄入的木材分解掉,为自身和白蚁合成糖类。作为回报,白蚁则为鞭毛虫提供一种稳定且受保护的生活环境。这两种生物间的关系叫共生。两种生物生活在一起且双方都获益的关系就是共生。梨形鞭毛虫则是人体内的寄生虫。海狸等野生动物把梨形鞭毛虫留在小溪、河流和湖泊中,人类喝了含有梨形鞭毛虫的溪水或河水后,这种鞭毛虫就吸附在人的肠道壁上,吸收养分并繁殖。由此人类则会患上一种称为肠梨形鞭毛虫病的危险的肠道疾病。

 **实践活动** ━━━━━━━━━━━━━━━━━━━━━━━

探究水体富营养化发生的变化

实验原理:水中的氮磷等营养物质加快藻类的生长速度

实验目的:

1. 了解水体富营养化发生的变化

2. 了解肥料如何影响藻类的生长

实验材料:4个带盖的玻璃瓶 静置一段时间的自来水 池塘水 量筒 液体肥料

实验过程:

1. 将4个玻璃瓶分别标记为 A、B、C、D,在每个玻璃瓶中各加入半瓶静置过的自来水,再往每个瓶中加池塘水,直到瓶的四分之三处。

2. 往 B 瓶中加 3 mL 液体肥料,C 瓶中加 6 mL,D 瓶中加 12 mL,但千万不要往 A 瓶中加液体肥料。

3. 把每个瓶的盖子都松松地旋上,然后将所有的玻璃瓶都放到能晒到太阳的地方,这样,它们每天所接受的阳光照射量均相同。

4. 每天观察玻璃瓶,比较每个玻璃瓶中水的颜色,持续两周,把你的观察结果写到记录表中。

知识拓展

黏 菌

黏菌是一群类似真菌的原生生物,具有细胞壁,营异养生活,利用孢子繁殖,但是生活史中没有菌丝的出现,而有一段黏黏的时期。这段黏黏的时期是黏菌的营养生长期,细胞不具细胞壁,如变形虫一样,可任意改变体形,故又称为"变形菌"。黏菌大多性喜温暖潮湿、植被丰富的场所,常见的栖息地有腐木、枯枝、落叶、枯草等腐烂的植物残留物。温带森林是黏菌种类最繁盛的地方,庭院中或野外的活树干、树枝上也常见有其踪影,特别是在下雨时节过后数天。

练习与巩固

1. 列表比较藻类和原生动物的区别:

类别	细胞结构	营养类型
藻类		
原生动物		

2. 鱼缸长久不换水,缸的内壁上会长出绿膜,水会变成绿色,原因是 （ ）
   A. 水被细菌污染而成绿色
   B. 鱼排出的粪便呈绿色
   C. 水中含丰富的二氧化碳和鱼的粪便而长出大量绿色细菌
   D. 水中含丰富的二氧化碳和鱼的粪便而长出大量绿色微小的藻类

3. 阳光充足的时候,水绵的丝团常能漂浮到水面,这是由于 （ ）
   A. 水绵的光合作用旺盛　　　　　B. 水绵的生长迅速
   C. 水绵的呼吸作用旺盛　　　　　D. 水绵的迅速繁殖

4. 藻类植物需要的水分和无机盐是通过下列哪种结构吸收的? （ ）
   A. 根　　　　　B. 茎　　　　　C. 叶　　　　　D. 整个身体

5. 下列不属于原生动物的特征的是 （ ）
   A. 单细胞动物　　B. 自养型生物　　C. 异养型生物　　D. 最低等的动物

第五章 真 菌

学习目标 ▶

• 了解真菌是异养且具有细胞壁的真核生物这些基本特点。
• 了解常见的真菌如酵母菌、霉菌和蘑菇等种类的特点及其与人类的关系。

主要术语 ▶

真菌 腐生 寄生 子实体 菌丝

请写出本章知识网络图 ▶

一、真菌的特点

真菌是单细胞和多细胞的真核生物,其细胞壁含几丁质和纤维素,用孢子繁殖,都是异养的,有些真菌从动植物尸体或腐烂组织获取有机物维持自身生活,这种生存方式叫腐生。有些寄生在其他生物体内。

二、常见物种的特点及与人类的关系

1. 酵母菌

酵母菌(图 5 - 1)是单细胞真菌。酵母菌在自然界分布广泛,主要生长在偏酸潮湿的含糖环境中,在有氧气的环境中,酵母菌将糖类转化为水和二氧化碳。在无氧的条件下,酵母菌将糖类分解为二氧化碳和酒精。酵母菌在温度适合、氧气和养料充足的条件下,以出芽方式迅速增殖(图5-2)。

　　酵母菌被广泛应用于发酵面食和酿酒,是人类利用的最早的真菌。酵母菌还可以用于生产酵母片、核糖核酸、核黄素等。有些酵母菌是有害的,少数酵母菌可使果浆蜂蜜腐坏,白假丝酵母可引起皮肤、黏膜、呼吸道、消化道等多种疾病。

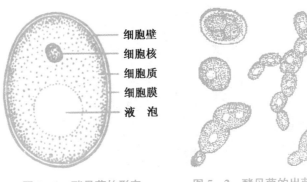

图5-1　酵母菌的形态　　　　图5-2　酵母菌的出芽繁殖

探究盐和糖对酵母菌生长的影响

实验原理:酵母菌通过将糖类转化成二氧化碳和乙醇来获取能量。

实验目的:

1. 了解盐和糖对酵母菌生长的影响。

2. 使学生能将书本知识应用于生产实践

实验材料:记号笔　5个气球　5根塑料棍　糖　盐　温水　烧杯　酵母粉　量筒

5个细颈瓶

实验过程:

1. 在5个瓶子里按表中所列配置,并把气球套在瓶口。

瓶子	预测	观察	15分钟气球直径	30分钟气球直径	45分钟气球直径
1 g 酵母＋150 mL 水					
1 g 酵母＋150 mL 水＋10 g 盐					
1 g 酵母＋150 mL 水＋10 g 糖					
1 g 酵母＋150 mL 水＋20 g 糖					
150 mL 水＋10 g 糖					

　　2. 放在温暖不通风的环境中,观察记录实验现象。

2. 霉菌

霉菌是丝状真菌，菌丝可伸长并产生分枝，菌丝体深入营养基质的称为基质菌丝或营养菌丝；向空中伸展的称气生菌丝，可进一步发育为繁殖菌丝，产生用于繁殖的孢子，繁殖菌丝在营养基质表面会形成肉眼可见的绒毛状、絮状或蛛网状的菌落。

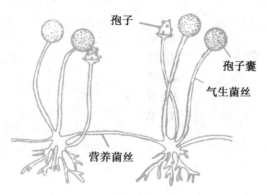

图 5 - 3　根霉的菌体形态

霉菌生长环境的大因素：潮湿、温度适宜、富含霉菌生长发育所需的营养。霉菌在家居、食物和衣物甚至人体上生长，对人类造成危害，但有的霉菌可以造福人类，如霉菌可以产生抗生素，可以发酵食品比如腐乳等。

知识拓展

地　衣

我们常常在树皮或岩石上发现贴附于表面的地衣，他们长成规则的壳状斑痕。地衣是真菌和藻类或者自养细菌共生的复合体。

一般某种地衣中的真菌和藻类的具体种类是固定的。在这类共生复合体中，藻类含有光合色素，能进行光合作用，为真菌提供营养；真菌可以从外界吸收水分和无机盐，提供给共生的藻类，并将藻体包被在其中，以避免强光直射导致藻类细胞干燥死亡。二者互相依存，不能分离。生长在岩石表面的地衣，所分泌的多种地衣酸可腐蚀岩面，使岩石表面逐渐龟裂和破碎，加之自然的风化作用，逐渐在岩石表面形成了土壤层，为其他高等植物的生长创造了条件。因此，地衣常被称为"植物拓荒者"。

3. 大型真菌

大型真菌是能形成大型子实体的一类真菌，大型真菌包括两部分，生长在营养基质里的营养菌丝，肉质或胶质的子实体或菌核，可以产生孢子，用于繁殖。

木耳：成圆盘形、耳形或不规则形，子实体胶质，生长于腐木上，其形似人的耳朵，故名木耳，是一种营养丰富的著名食用菌。

香菇:子实体伞形,单生、丛生或群生,表面褐色,菌肉白色,具香味。菌盖下面有菌幕,后破裂,形成不完整的菌环。香菇(图5-4)富含多种营养,对促进人体新陈代谢、提高机体适应力有很大作用。香菇含有水溶性鲜味物质,可用作食品调味品。

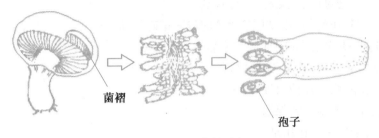

菌褶

孢子

图5-4　香菇的形态

灵芝:又称灵芝草,子实体菌盖皮壳坚硬,黄褐色到红褐色,有光泽,具环状棱纹和辐射状皱纹,边缘薄而平截,常稍内卷,菌肉白色至淡棕色;菌柄圆柱形,侧生,少数偏生红褐色至紫褐色,光亮,气微香,味苦涩。灵芝作为拥有数千年药用历史的中国传统珍贵药材,具备很高的药用价值,对于增强人体免疫力,调节血糖,控制血压,辅助肿瘤放化疗,保肝护肝,促进睡眠等方面均具有显著疗效。

冬虫夏草:简称虫草。冬虫夏草菌是寄生于高山草甸土中的蝙蝠蛾幼虫,使幼虫僵化,在适宜条件下,夏季由僵虫头端抽生出长棒状的子座而形成的冬虫夏草菌的子实体与僵虫菌核(幼虫尸体)构成的复合体就是冬虫夏草。

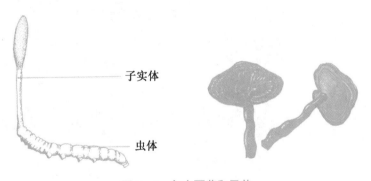

子实体

虫体

图5-5　冬虫夏草和灵芝

练习与巩固

1. 在以下各项中,对真菌结构的说法正确的是　　　　　　　　　　　　　( )
　　① 都是单细胞结构　② 有单细胞的、也有多细胞的　③ 体内没有叶绿体,不能进行光合作用　④ 多数种类由菌丝集合而成　⑤ 没有成形的细胞核　⑥ 每个细胞内都有细胞核　⑦ 没有细胞壁
　　A. ①③⑤⑦　　　　B. ②③④⑥　　　　C. ②④⑤⑦　　　　D. ①②④⑦
2. 下列生物全部属于真菌的一项是　　　　　　　　　　　　　　　　　( )

A. 酵母菌、结核杆菌、乳酸菌、牛肝菌

B. 青霉、曲霉、灵芝、酵母菌

C. 青霉、曲霉、痢疾杆菌、木耳

D. 青霉、酵母菌、大肠杆菌、金针菇

3. 下列对"制作酸奶"和"制作米酒"的叙述正确的是 （ ）

A. 制作酸奶需要密封而制作米酒不需要密封

B. 制作酸奶和米酒都需要"接种"

C. 制作酸奶要接种两种真菌

D. 制作米酒不需要保温

4. 真菌孢子的主要作用是 （ ）

A. 抵抗不良环境的影响   B. 抗吞噬

C. 进行繁殖   D. 引起炎症反应

5. 关于真菌的抵抗力,错误的一项是 （ ）

A. 对干燥、阳光和紫外线有较强的抵抗力

B. 对一般消毒剂有较强的抵抗力

C. 耐热,60 ℃ 1 小时不能被杀死

D. 对抗细菌的抗生素均不敏感

第六章 植 物

学习目标 ▶

- 了解植物类群的特点以及与人类的关系。
- 了解被子植物六大器官的形态结构和生理功能。

主要术语 ▶

植物 孢子 根茎 叶 花 果实 种子

请写出本章知识网络图 ▶

第一节 植物的分类

一、植物的特征

植物的细胞有细胞壁、叶绿体和成型的细胞核,能进行光合作用,是自养型的生物。根据植物的生殖特点,可以将植物分为孢子植物和种子植物两大类。孢子植物主要包括藻类植物、苔藓植物和蕨类植物。种子植物包括裸子植物和被子植物。根据植物输送水分的结构特点,可以将植物分为非维管植物和维管植物。藻类和苔藓没有根,水分和养料输送的方式靠一个细胞传给另一个细胞,因此只能生活在潮湿的环境中。

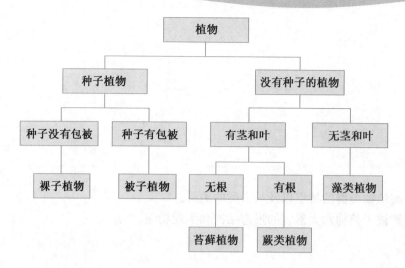

二、植物的主要类群

1. 藻类植物

（1）藻类植物的特点

生物学家通过分析现代植物与远古植物体内的化学成分来研究植物的起源。在研究了植物、藻类及一些细菌中的叶绿素后，科学家发现植物和藻类植物中含有相同的叶绿素。生物学家据此推测，藻类植物可能是现代陆生植物的始祖。科学家通过进一步的遗传物质比对，发现植物和藻类植物的亲缘关系的确很近。因此科学家认为绿藻应该被归入植物界。藻类植物约有四万种。根据体表颜色不同，一般可把藻类植物分为绿藻（如衣藻和水绵）、蓝藻（如地耳和发菜）、褐藻（如海带和裙带菜）、红藻（如紫菜和石花菜）等。藻类植物有单细胞的，也有多细胞的，即使是个体比较大的藻类植物，也只有起固着作用的根状物和宽大扁平的叶状体。所以，藻类植物的结构很简单，没有根、茎、叶等器官的分化。藻类植物的繁殖是以细胞一分为二的裂殖或特化的配子结合等方式进行。

（2）藻类与人类的关系

藻类为人类、畜禽养殖和海洋生态系统提供食物来源，如海带、紫菜、石花菜等都是餐桌上的常客；新的研究发现海藻多糖具有提高免疫力、抗肿瘤等作用；藻类在水中生长吸收了一些有害物质，光合作用释放出氧气，有利于保持生态平衡；但水中藻类太多，形成水华（图 6-1-1）和赤潮会导致水体生态系统崩溃。

图 6-1-1　水质污染导致的水华

思考与讨论:

　　藻类进行光合作用制造氧气,为什么藻类太多时反而会导致水中的鱼缺氧而死呢?

2. 苔藓植物

(1) 苔藓植物的特点

　　苔藓植物门由苔纲和藓纲组成,共有两万多种。苔纲植物通常是扁平状,呈匍匐生长,如地钱、毛地钱(如图 6-1-2);藓纲植物一般略呈直立状,如葫芦藓、墙藓(如图 6-1-2)。它们都有假"根""茎""叶"(如图 6-1-3)的初步分化,但其中没有维管束,也没有机械组织,因此"叶"又小又薄,植株长得很矮小,生活在潮湿的地方。

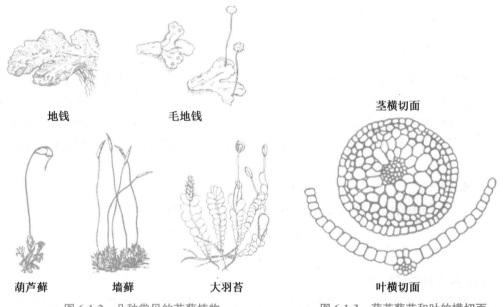

地钱　　　　　毛地钱　　　　　　　　　　茎横切面

葫芦藓　　　墙藓　　　大羽藓　　　　　　叶横切面

图 6-1-2　几种常见的苔藓植物　　　　　图 6-1-3　葫芦藓茎和叶的横切面

　　苔藓的生活史以葫芦藓为例(图 6-1-4),葫芦藓在有水浸的情况下,精子从精子器中游出,与卵细胞结合,完成受精作用。受精卵发育成胚,胚在母体内进一步发育,向上长出一个长柄,长柄的顶端生有一个葫芦状的结构,里面产生许多孢子。孢子飞散出来以后,遇到温暖湿润的环境,就萌发形成原丝体。原丝体上长有芽,芽发育成葫芦藓植株。由此可见,苔藓植物的生殖离不开水。

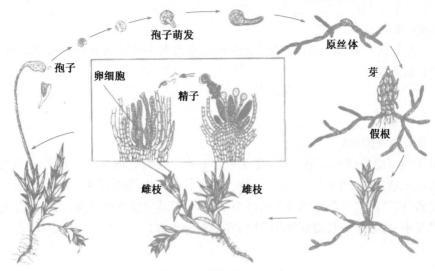

图 6-1-4　葫芦藓的生活史

（2）苔藓与人类的关系

苔藓作为拓荒植物，对生态平衡、环境演化具有重要作用。苔藓植物之间的空隙很多，因此，它们具有良好的保持土壤和储蓄水分的作用。苔藓还可入药。如地钱，清热解毒，祛瘀生肌；蛇苔，清热解毒，消肿止痛。许多苔藓植物可以作为土壤酸碱度的指示植物。如生长着白发藓、大金发藓的土壤是酸性的土壤；生长着墙藓的土壤是碱性土壤。

> **思考与讨论：**
> 　　苔藓植物作为拓荒植物是一种顽强的生物还是脆弱的生物，为什么？

3. 蕨类植物

（1）蕨类植物的特点

蕨类植物门从 4.25 亿年前的古生代志留纪开始出现，经过很长时间的繁盛，直到 2.8 亿年前的古生代二叠纪才逐渐衰落，现存约一万多种（图 6-1-5 几种常见的蕨类植物）。我们现在发掘的煤炭，有很多是当年蕨类植物因地壳运动被埋藏到地层深处形成的。

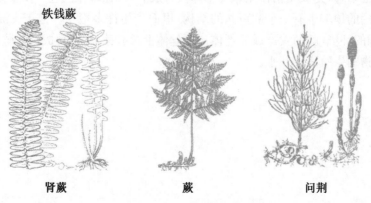

图 6-1-5　几种常见的蕨类植物

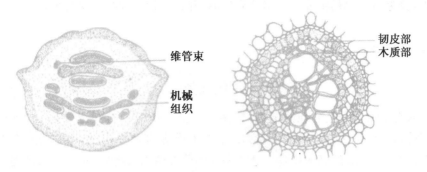

维管束

机械
组织

韧皮部
木质部

图 6-1-6 蕨的根状茎的横切面

蕨的根状茎的横切面(左),其中一个维管束的放大

蕨类植物开始出现了维管束(图 6-1-6),分化出了含输导组织和机械组织的真正根、茎、叶(图6-1-7),使得蕨类植物的根可以扎入较深的土壤中吸收水分和无机盐,高举的茎和叶能更好地进行光合作用。因此,蕨类植物长得比较高大,抵抗干旱的能力也比较强。

从(图 6-1-8)蕨的生活史可知,铁线蕨的孢子囊群里面有许多个孢子囊,每个孢子囊里都产生许多孢子。铁线蕨的孢子是十分微小的细胞,这些孢子在适宜的条件下能够萌发长成原叶体。在原叶体浸着水的时候,精子从雄性生殖器官游到雌性生殖器官中,与雌性生殖器官的卵细胞融合,完成受精作用。受精卵在雌性生殖器官里发育成胚,胚则继续发育成铁线蕨植株。

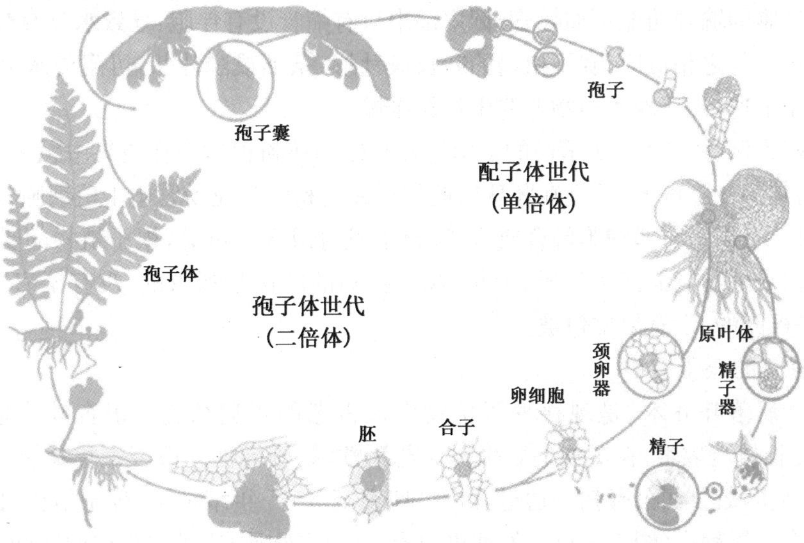

叶

叶轴

芽

地下茎

根

图 6-1-7 蕨的结构

孢子

孢子囊

配子体世代
(单倍体)

孢子体

孢子体世代
(二倍体)

原叶体

精子器

颈卵器

卵细胞

精子

胚 合子

图 6-1-8 蕨的生活史

可见,蕨类植物也是依靠孢子繁殖后代的,并且受精过程必须要有水。

知识拓展

古代蕨类

蕨类是最早登上陆地的植物,繁盛于三亿多年前的石炭纪(约 3.83—3.93 亿年前),至今仍保持强盛的生命力。石炭纪恐龙都还没出现,那时的蕨类祖先是高达 20～30 m 的高大植物。这些高大的蕨类植物灭绝后,它们的遗体埋藏在地下,经过漫长的年代,变成了煤炭。古代和现代生存的蕨类植物的共同祖先,都是距今 4 亿年前的古生代志留纪末期和下泥盆纪时出现的裸蕨植物。

(2)蕨类植物与人类的关系

蕨类植物中有许多种类具有药用价值。如肾蕨可以用来治疗感冒、咳嗽、肠炎和腹泻;银粉背蕨有止血作用;乌蕨可治菌痢、急性肠炎等。蕨类植物可供食用的种类也较多,如在幼嫩时可做菜蔬的有蕨菜、毛蕨、菜蕨、紫萁、西南凤尾蕨、水蕨等,不但鲜时做菜用,亦可加工成干菜。许多蕨类植物的地下根状茎,含有大量淀粉,可酿酒或供食用。蕨类植物还可净化空气。室内摆放蕨类植物,吸收甲醛的效果比吊兰还要好。

4. 裸子植物

裸子植物早在古生代就开始出现,到中生代至新生代已繁茂成林。裸子植物现仅存 800 余种,多为乔木。

(1)裸子植物的特点

裸子植物具有发达的根系、茎、叶、球花和种子。但球花都是单性花,不具子房,种子裸露,因而得名裸子植物。裸子植物体内具有大量的管胞,管胞兼有输导和支持的双重作用,植物体内的输导和支持功能比孢子植物明显增强。所以,裸子植物可以生长得很高大。但是管胞的输导功能不如导管,韧皮部中只有筛管没有伴胞,导致水分及有机物的输导效率较低。与之相适应,裸子植物的叶长成针形、条形或鳞片状,可耐受水分相对短缺之苦。由于上述特征,裸子植物普遍生长较缓慢。

以松树为例(图 6-1-9 所示松的生殖过程),松的花粉很适合在空气中飘荡,经过风力传播,花粉粒落在胚珠上,并且在胚珠内萌发形成花粉管。花粉管中生殖细胞分裂成两个精子,但仅一个精子与卵细胞融合成合子,合子发育成胚。可见,裸子植物的受精过程不需要水。裸子植物能够产生种子,但是,裸子植物的胚珠是裸露的,没有子房壁包被,因此,种子是裸露的,没有果皮包被。

(2)常见的裸子植物

银杏　属落叶乔木,是现存种子植物中最古老的孑遗植物。银杏叶片呈扇形(图 6-1-10),在长枝上散生,在短枝上簇生。球花单性,雌雄异株。银杏生长缓慢,一般要 20 多年才能结实,故又叫公孙树。通过嫁接可使银杏 3～5 年结种子,种子俗称"白果"。银杏的种子有三层种皮(图 6-1-11):外种皮肉质,含有毒物质;中种皮色白而坚硬;内种皮膜

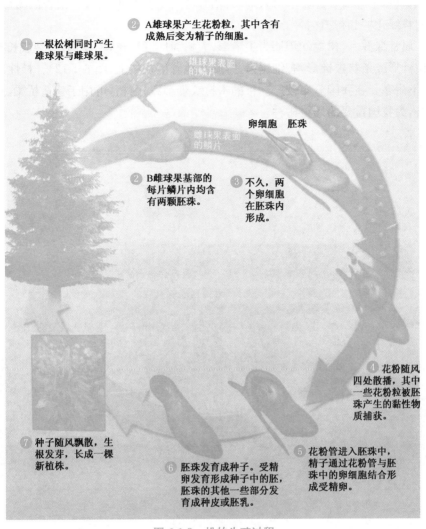

① 一根松树同时产生雄球果与雌球果。

② A 雄球果产生花粉粒，其中含有成熟后变为精子的细胞。

雄球果表面的鳞片

雌球果表面的鳞片

卵细胞 胚珠

② B 雌球果基部的每片鳞片内均含有两颗胚珠。

③ 不久，两个卵细胞在胚珠内形成。

④ 花粉随风四处散播，其中一些花粉粒被胚珠产生的黏性物质捕获。

⑦ 种子随风飘散，生根发芽，长成一棵新植株。

⑥ 胚珠发育成种子。受精卵发育形成种子中的胚，胚珠的其他一些部分发育成种皮或胚乳。

⑤ 花粉管进入胚珠中，精子通过花粉管与胚珠中的卵细胞结合形成受精卵。

图 6-1-9　松的生殖过程

图 6-1-10　银杏的叶

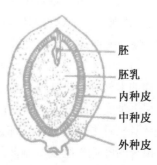

胚
胚乳
内种皮
中种皮
外种皮

图 6-1-11　银杏的种子

质。胚乳黄色，子叶 2 枚。种子可入药，有治疗哮喘等疾病的功效。银杏的树形美丽，是优良的园林绿化树和行道树种。

杉　属常绿乔木，树冠幼年期为尖塔形，大树为广圆锥形，树皮褐色，裂成长条片状脱落。叶披针形或条状披针形，有细锯齿，螺旋状地着生在枝上(图 6-1-12)。杉性喜温暖湿润气候，不耐寒。在我国分布较广。杉的木材纹理细致，耐朽，可用于建造桥梁、造船或做电线杆等，为我国重要的用材树种。

图 6-1-12　杉

图 6-1-13　雪松

雪松　是常绿乔木，树冠尖塔形，大枝平展，小枝略下垂。叶针形，质硬，灰绿色或银灰色，在长枝上散生，短枝上簇生。10—11 月开花。球果翌年成熟，椭圆状卵形，熟时赤褐色。雪松体高大，树形优美，为世界著名的观赏树(图 6-1-13)，长江流域各大城市中多有栽培。最适宜孤植于草坪中央、建筑前庭、广场中心等处。列植于园路的两旁，形成甬道，亦极为壮观。雪松木材坚实，纹理致密，供建筑、桥梁、枕木、造船等用。

(3) 裸子植物与人类的关系

裸子植物的大部分种类的木材都可利用，在传统的林业生产中占有举足轻重的地位。裸子植物的木材纤维是造纸的重要原料，还可提取树脂、栲胶、芳香油等工业原料。裸子植物的很多种类树姿优美，都可在庭园栽培作绿化和观赏树种。世界五大庭园树雪松、南洋杉、金钱松、日本金松和巨杉都是裸子植物。草麻黄的茎、银杏的种子(白果)是传统的药材。银杏的叶近年已成为制药的重要原料。从红豆杉的树皮中提取的紫杉醇，对治疗癌症有很好效果。香榧子、松子(红松或华山松的种子)等松脆可口、别具风味，是著名的干果，深受人们喜爱。

5. 被子植物

（1）被子植物的特点

被子植物起源于距今约 1.45 亿年前的侏罗纪晚期。植物体一般是由根、茎、叶、花、果实和种子这六种器官构成的。种子外面有果皮包被，为种子提供了理想的营养和保护作用。此外，被子植物的输导组织进一步完善，木质部出现了大口径的导管，韧皮部分进化出伴胞，大大提高了输送水分、无机盐和有机物的效率。这些都为被子植物经受严酷的自然竞争迅速扩展其生存领域、广布世界各地奠定了坚实的生物学基础。时至当代，被子植物已发展到约 25 万种之多。

被子植物的生殖器官是花和果实。被子植物的花具有由花萼和花冠构成的花被，胚珠的外部有子房包被。花粉经风媒或虫媒传播落到雌蕊的柱头上后，长出花粉管。管内的生殖细胞分裂成两个精子，顺管而下，进入胚珠，到达胚囊，进行被子植物特有的双受精。此后，受精卵发育成胚，受精极核发育成胚乳，珠被发育成种皮，这三部分合为种子，子房壁则发育成包在种子外面的果皮。

练习与巩固

1. 植物不具备的特征有　　　　　　　　　　　　　　　　　　　　　　（　　）
   A. 具有细胞壁　　　　　　　　　　B. 能进行光合作用
   C. 为异养型代谢　　　　　　　　　D. 缺乏感觉、运动和神经系

2. 受精作用脱离水的限制的有　　　　　　　　　　　　　　　　　　　（　　）
   A. 裸子植物　　　　　　　　　　　B. 藻类植物
   C. 苔藓植物　　　　　　　　　　　D. 蕨类植物

3. 根据植物的生殖特点，可以将植物分为　　　　　两大类。　　　　　（　　）
   A. 高等植物和低等植物　　　　　　B. 孢子植物和种子植物
   C. 草本植物和木本植物　　　　　　D. 水生植物和陆生植物

4. 下列关于苔藓植物，说法正确的是　　　　　　　　　　　　　　　　（　　）
   A. 苔藓植物的根茎都没有维管束，因此还不是真正的根茎
   B. 水中石头上滑腻腻的一层绿色植物是苔藓植物
   C. 苔藓植物的精细胞不需要在水中就能与卵细胞结合
   D. 苔藓植物是利用孢子繁殖的，因此不需要精卵细胞结合

5. 裸子植物脱离了对水的依赖比较耐干旱，以下哪个特点与耐干旱无关　（　　）
   A. 体内具有了管胞　　　　　　　　B. 韧皮部只有筛管没有伴胞
   C. 叶子多数为针形、条形、鳞片状　D. 花粉借风力传播

6. 蕨类植物的植株一般比苔藓植物高大的原因是　　　　　　　　　　（　　）
   A. 蕨类植物靠孢子繁殖
   B. 蕨类植物的根、茎、叶中有输导组织
   C. 蕨类植物叶片下面有褐色隆起
   D. 蕨类植物生活在潮湿环境中

第二节 被子植物的结构形态和生理特点

　　被子植物是由根、茎、叶、花、果实和种子六种器官构成完整的植物体。根、茎、叶担负着营养植物体的生理功能，叫作营养器官；花、果实和种子都与植物体的生殖有关，叫作生殖器官。

一、根

　　根是由种子的胚根发育而成的器官。通常向地下伸长，使植物体固定在土壤中，有维管束并且从土壤中吸收水分和无机盐。根一般不分节，不生叶。

1. 根的形态

　　植物的根往往不只一条，一般把一株植物所有根的总和叫作根系。根据根系的来源和形状，可以把根系分为直根系和须根系两大类型。

　　（1）直根系

　　种子萌发，往往是胚根首先从萌发孔长出，扎入土壤。以后胚根逐渐长大成主根，同时从主根分生出侧根，并可一再分生，但主次依然分明（图 6-2-1）。多数木本植物的根都是直根系，这种根系入土扎得深，既能从较深层的土壤中汲取水分和无机盐，也有利于根深叶茂，植株挺拔。如樟树、杨树、菠菜的根系（图 6-2-2）。

图 6-2-1　主根和侧根

主根
侧根

图 6-2-2　须根系和直根系

　　（2）须根系

　　许多单子叶植物的胚根发育迟缓，或主根长成后不久即死亡，与此同时，从胚轴或茎下部长出不定根。这些根彼此独立，略有分枝，大小相当，这种根系称为须根系。须根系入土不深，基本上都是草本植物。如玉米、水稻、葱的根系（图 6-2-3）。

（3）变态根

有些植物可从其根系或根系的一部分发育，演变成适应各种环境、具有某方面突出功能、形态各异的变态根。常见的变态根有：

① 贮藏根

也叫肉质根。它们形体肥大，里面贮藏着大量的营养物质。贮藏根又分为肥大直根和块根两种。肥大直根是由主根发育而成的，每株只能形成一个。如萝卜、胡萝卜、甜菜等。而块根是由侧根或不定根发育而成的，一株可以形成许多个。例如甘薯、麦冬、山药等。

② 气生根

生长在空气中的根叫作气生根。它包括支持根、攀缘根和呼吸根。如玉米、高粱、甘蔗等从基部茎节上长出许多根，扎入地下，具有支持植物抗倒伏的功能，这些根叫作支持根（图 6-2-3）。南方的榕树常从较下部的茎上长出一些须根，飘逸空中，从大气中吸收少量的水分。这些根落地后能够不断长粗，以支持庞大的树冠，形成"独木成林"的奇特景观，这些也是支持根（图 6-2-4）。

凌霄、常春藤（图 6-2-5）等植物，通过茎上的不定根攀附在山石、墙壁或树干的表面向上生长，这样的根叫作攀缘根。

有些水生植物的根系长年浸泡水中，氧气供给不足。因此树干下部的一些根能背地向上生长，露出水面，以此获得必需的氧气，这种根叫作呼吸根。如水松、红树等植物（图 6-2-6）。

图 6-2-3 玉米的支持根

图 6-2-4 榕树的支持根

图 6-2-5　常春藤的攀缘根　　　　　　图 6-2-6　红树的呼吸根

思考与讨论：
　　支持根、寄生根等长在地上的根为什么不是茎变来的呢？

③ 板状根

在热带和亚热带木本植物中，常见有些树从树干基部向下生出薄板状的大型木质根，叫作板状根(图 6-2-7)。如榕树和木麻黄，它们强有力地支撑着植物。

图 6-2-7　板根

④ 寄生根

有少数植物，如桑寄生、菟丝子等(图 6-2-8)，它们的不定根钻入到其他植物体内直接吸取营养，这类根叫作寄生根。

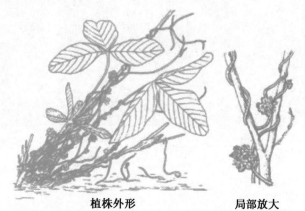

植株外形　　　　　局部放大

图 6-2-8　菟丝子和它的寄生根

小百科

根 瘤

豆科植物的根有很多瘤状突起叫"根瘤"。由于土壤中的根瘤菌,被豆科植物根毛分泌物吸引,聚集在根毛周围,它的分泌物使根毛细胞壁溶解,使根瘤菌侵入根内,并大量繁殖。根细胞受根瘤菌侵入的刺激,反复地进行分裂,体积膨大,形成根瘤。根瘤菌从豆科植物中获得水分和养料,进行生长繁殖。根瘤菌能把空气中的游离氮转变为豆科植物能利用的含氮化合物,为豆科植物提供大量氮素,形成豆科植物与根瘤菌的共生关系,使豆科植物体内含有较多的氮素。因此,很多豆科植物可作绿肥,如紫云英等。据估计,地球表面豆科植物根瘤菌每年固氮约 5 500 万吨,占整个生物固氮总量的 55%。

2. 根的结构

从根的顶端到着生根毛的这一段,称为根尖,主根、侧根和不定根都具有根尖。根尖(图 6-2-9)是根中生命活动最活跃的部分,根对水分和无机盐的吸收、根的生长以及根内组织的形成主要都是依靠这部分完成的。根尖从顶端往上依次分为根冠、分生区、伸长区和成熟区四部分。根的表皮细胞的一部分向外突出,形成根毛。根毛使表皮细胞的吸收面积大大增加,从而使根能吸收更多的水分与无机盐。同时,根毛也有助于植物牢牢地固定在地下。根的中间是导管,根从土壤中吸收的水分与营养物质迅速进入木质部,然后向上输送到茎、叶等器官。韧皮部把在叶片合成的有机物输送到根部。根部的组织就利用这些有机物生长或把它们贮存起来以供未来生长所需。根部还有一层形成层细胞,以形成新的韧皮部与木质部。

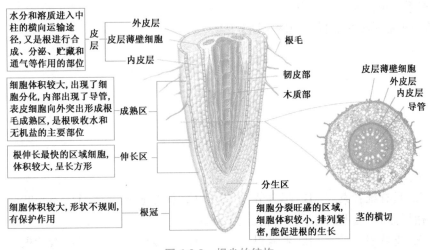

图 6-2-9 根尖的结构

3. 根的功能

（1）吸收与输导作用

根系能从土壤中吸收水分、无机盐以及可溶性有机氮。水溶液经根毛等细胞吸收，先横向输送到中柱（图 6-2-10），再经木质部中的导管或管胞（裸子植物无导管）纵向向上输导。

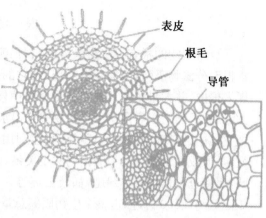

表皮

根毛

导管

图 6-2-10　水分由根毛进入导管的示意图

（2）固着与支持作用

无论是直根系还是须根系，它们都与土壤颗粒紧密贴合，形成强大的固着力。尤其是粗壮的直根系，为枝叶挺立上举提供了必不可少的坚实根基。

（3）贮藏作用

根的薄壁细胞是贮藏营养物质的场所，尤其是膨大的肉质根，营养贮存十分丰富。

（4）合成作用

实验证明，根能合成多种氨基酸、激素、植物碱、有机氮等有机物。这些有机物可以通过筛管输送到植物的地上部分加以利用。

（5）繁殖作用

有些植物的根在适宜的条件下可直接分化出不定芽，并进而长成植株，也就是说根能进行无性繁殖，如木麻黄、桑等植物。

主要术语 ▶

直根系　须根系　变态根

【请写出被子植物的根知识网络图】

练习与巩固

1. 根的特征不包括　　　　　　　　　　　　　　　　　　　　　　　（　　）

　　A. 具有维管束　　B. 不分节　　C. 长在地下　　D. 不长叶

2. 榕树能够"独木成林"是因为长出了许多　　　　　　　　　　　　（　　）

　　A. 支持根　　B. 攀缘根　　C. 呼吸根　　D. 板状根

3. 根的功能不包括　　　　　　　　　　　　　　　　　　　　　　　（　　）

　　A. 吸收与疏导　　　　　　　　B. 将无机物合成有机物

　　C. 繁殖　　　　　　　　　　　D. 固着支持与贮藏

4. 有少数植物的不定根钻入到其他植物体内直接吸取有机物,这类根叫作 （　　）

    A. 气生根　　　　　　B. 贮藏根　　　　　　C. 寄生根　　　　　　D. 菌根

5. 根尖由根冠、分生区、伸长区和成熟区四部分组成,其中吸收水分的主要是（　　）

    A. 根冠　　　　　　　B. 分生区　　　　　　C. 伸长区　　　　　　D. 成熟区

6. 移栽植物应尽量在幼苗期,而且要带土移栽,这是为了 （　　）

    A. 减少水分散失　　　　　　　　　　B. 减少幼根和根毛折断

    C. 防止营养流失　　　　　　　　　　D. 防止植物不适应环境

二、茎

    茎是种子的胚芽向地上伸长的部分,是植物体的中轴。茎支撑着叶、花和果实,并且将根吸收的水分和无机盐,以及叶制造的有机物,输送到植物体的各个部分。

1. 茎的形态

    茎具有明显的特征:茎的顶端有顶芽,节上的叶腋处有侧芽(也叫腋芽)。顶芽和侧芽中,将来发育成枝条的叫作叶芽;将来发育成花的叫作花芽。茎上有节和节间,叶着生在节上(图 6-2-11)。

    (1) 茎的类型　参照植物茎的生长习性,可将茎分为以下几种类型。

    直立茎一般指能自立在地面上的茎。如杨树、桃树、向日葵、水稻等大多数植物的茎都属于直立茎。

    攀缘茎的茎中机械组织欠发达,茎不能自立。与此相适应,以卷须等其他特有的变态器官攀缘他物向上生长的茎。例如黄瓜(图 6-2-12)、丝瓜、葡萄、爬山虎等。

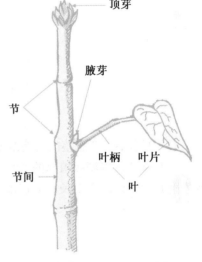

图 6-2-11　直立生长的茎的外形

图 6-2-12　黄瓜的攀缘茎

图 6-2-13　牵牛的缠绕茎

缠绕茎柔软而不能直立,以茎的本身缠绕着其他物体向上生长的茎。如牵牛(图 6-2-13)、菜豆、金银花、紫藤等。

匍匐茎平卧地面生长,节不仅向上长叶,还向下长出不定根的茎。如甘薯、草莓(图 6-2-14)等。

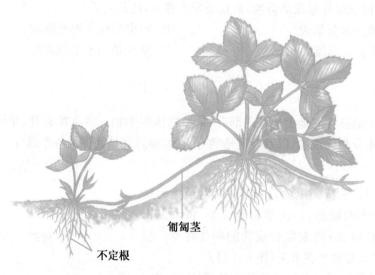

匍匐茎

不定根

图 6-2-14 草莓的匍匐茎

(2) 变态茎 变态茎的功能改变了,茎的形态和结构也发生了改变。

茎卷须 许多攀缘植物的卷须是由枝变态而成的,常出现在叶腋间或叶的对生处,用来攀附其他物体向上生长。如黄瓜、南瓜、葡萄(图 6-2-15)等的卷须。

图 6-2-15 葡萄的茎卷须　　　　图 6-2-16 皂荚的茎刺

茎刺 有些植物的一部分枝变成刺,着生在叶腋里,叫作茎刺,也叫枝刺,具有防止动物伤害植物体的作用。如山楂、皂荚(图 6-2-16)的刺。

月季、玫瑰、蔷薇等植物的茎上也长有刺，但这是由茎的表皮形成的皮刺。与茎刺不同的是，皮刺无规则地分布在茎上，比较容易剥离下来。

肉质茎 仙人掌、榨菜、莴苣（如图 6-2-17）等植物的茎肥厚肉质，能够贮藏水分和养料，这种茎叫作肉质茎。

图 6-2-17 莴苣的肉质茎

> **思考与讨论：**
> 　　根状茎、块茎等长在地下，为什么是茎不是根呢（图 6-2-18）？

榨菜　　　　　　　莴苣　　　　　　　茭瓜

图 6-2-18 肉质茎

根状茎 匍匐生长在土壤中，形态变成根状的地下茎叫作根状茎。如莲藕（图 6-2-19）、芦根、竹鞭等。

图 6-2-19 莲藕的根状茎

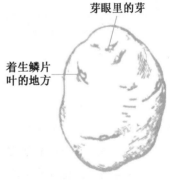

芽眼里的芽

着生鳞片叶的地方

图 6-2-20 马铃薯的块茎

块茎 指短缩肥大的地下茎。马铃薯薯块的表面有许多凹陷，这些凹陷叫作芽眼。芽眼着生在叶腋里，相当于节的位置（图 6-2-20）。因此，马铃薯的薯块是块茎而不是块根。洋姜（又名菊芋）的地下茎也是块茎。

球茎 指肥大、短而扁圆的地下茎。如荸荠（又叫马蹄）、慈姑、芋头的地下茎都属于球茎（如图 6-2-21）。

荸荠　　　　　　　慈姑

图 6-2-21 常见的球茎

鳞茎　指由多数肉质鳞片叶包裹着短缩茎(鳞茎盘)而成的球形地下茎。如百合、郁金香、水仙、洋葱(图 6-2-22)等。

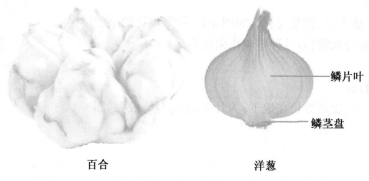

鳞片叶

鳞茎盘

百合　　　　　　　　　　洋葱

图 6-2-22　鳞茎

2. 茎的结构

植物的茎分为草本茎与木质茎两类。草本茎十分柔软。如蒲公英、大丽花、胡椒粉和

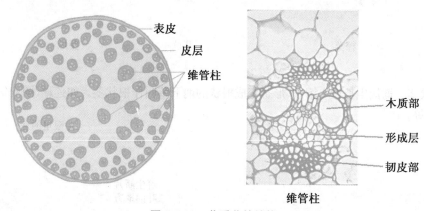

表皮

皮层

维管柱

木质部

形成层

韧皮部

维管柱

图 6-2-23　草质茎的结构

西红柿等植物的茎属于草本茎。相反地,木质茎十分坚硬。枫树、樟树等乔木的茎都属于本质茎。无论是草本茎还是木质茎,都含有木质部与韧皮部。图 6-2-23 显示了草本茎的内部结构。图 6-2-24 所示为木质茎的内部结构。树皮包裹在茎的外层,树皮的内层是韧皮部。位于韧皮部内层的细胞称为形成层。形成层细胞能分裂形成新的韧皮部与木质部。这种分裂增加了茎的直径。形成层的内部是一层新生的木质部,用以输送水分与营养物质,在新生的木质部层内

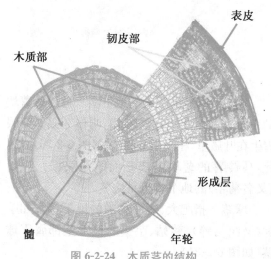

表皮

韧皮部

木质部

形成层

髓

年轮

图 6-2-24　木质茎的结构

部),则是老的木质部细胞,这一层木质部不再具有输送水分与营养物质的功能,而是用以支持树干,提供更多的支持力。

知识拓展

年　轮

　　木质茎的植物叫木本植物,其主干横断面上的环纹就是年轮,年轮每年都会增长一轮。由于一年气候不同,气温、水分等环境条件较好的时候(春季和夏季),植物生长较快,形成的木质部比较稀疏,颜色较浅;当气温、水分等环境条件比较恶劣的时候(秋季和冬季),形成的木质部较密,颜色较深。这样增生的木质部构造差别导致年轮。树的年轮如今已成为科学家研究的一个重要领域。通过年轮,人们不仅可以测定许多事物发生的年代,而且可以测知过去发生的地震、火山爆发和气候变化。

3. 茎的功能

　　植物的茎大多挺立在地面之上,它上头托起绿叶、鲜花、硕果,下面连接四通八达的根系,发挥着承上启下的重要作用。它的主要生理功能包括:

　　支持作用　主要依靠木质部(木本植物)或下表皮和维管束鞘(单子叶植物)厚壁细胞的支撑和加固作用。

　　输导作用　茎的输导作用可分为两个方面:一方面是水分和无机盐的输导;另一方面是有机养料的输导。它们的输导方向、途径和动力都是不同的。

　　水分的输导　由根毛吸收进来的水分,经过根毛区的皮层组织达到中柱的导管,然后向上运输,沿着茎和叶柄的维管束,输送到叶子,形成植物体内上升的液流。也就是说,水分在植物内输导的方向主要是自下而上的,输导的途径是木质部的导管。而且,根部细胞吸收的水分沿着根、茎、叶等器官中的导管向上运输的动力,主要来自叶片因蒸腾失水而产生的蒸腾拉力。

　　有机物的输导　叶通过光合作用制造的有机物,是通过树皮里韧皮部的筛管,自上而下输送到植物体的其他各个器官中去的。

 **实践活动**

验证有机物在植物体内输导的方向和途径

实验原理:有机物是利用韧皮部的筛管运输的

实验目的:了解有机物的运输途径

实验材料:树枝　刀片

实验过程:

1. 选取手指般粗细、生长健壮的木本植物枝条或树干,环状剥去一圈树皮,露出白色的木质部。

2. 过一段时间后观察,伤口上部形成了瘤状突出。

这是因为树皮被环割一圈以后,韧皮部的组织已被切断,有机物自上而下运输时受阻,只能在切口的上方积累起来,使得那里的细胞分裂和生长加快,所以那里的树皮就膨大起来而形成了瘤状突起。

贮存作用 茎的皮层及维管束中有大量的薄壁组织,植物光合作用产生的有机物,如淀粉、糖类、脂肪和蛋白质等,可以暂时或长期地在薄壁组织中贮藏。

繁殖作用 人们常用植物的茎来繁殖后代。例如,利用枝条进行扦插、压条、嫁接来繁殖苗木。马铃薯的块茎、莲藕的根状茎(藕)、荸荠、芋头的球茎、大蒜鳞茎上的侧芽(蒜瓣)等地下茎,也都可以用来繁殖新的植株。

主要术语 ▶

直立茎 攀缘茎 缠绕茎 匍匐茎 变态茎
【请写被子植物的茎知识网络图】

练习与巩固

1. 茎的特征不包括 （ ）
   A. 分节　　　　B. 有顶芽和腋芽　C. 长叶　　　　D. 长在地上
2. 茎的主要功能不包括 （ ）
   A. 支持作用与输导　　　　　　　B. 光合作用与贮存作用
   C. 吸收无机盐养料　　　　　　　D. 繁殖作用
3. 下列蔬菜的主要食用部分属于变态茎的是 （ ）
   A. 土豆　　　　B. 红薯　　　　C. 胡萝卜　　　D. 甘蔗
4. 樟树的茎能逐年加粗生长,原因是 （ ）
   A. 形成层细胞分裂　　　　　　　B. 韧皮部细胞分裂
   C. 木质部细胞分裂　　　　　　　D. 树皮细胞分裂
5. 茎刺与叶刺的共同点是 （ ）
   A. 着生于节上　B. 容易脱落　　C. 又尖又长　　D. 有时还有分支
6. 芦苇的茎不能无限加粗,原因是它的维管束内没有 （ ）
   A. 木质部　　　B. 韧皮部　　　C. 形成层　　　D. 机械组织

三、叶

叶是由芽发育而成的,叶有规律地着生在枝(或茎)的节上,通常在叶的着生处有腋芽。叶是植物进行光合作用和蒸腾作用的主要器官。

1. 叶的形态

(1) 叶的构成

一片完全叶由三部分构成：即叶片、叶柄和一对托叶(图 6-2-25)。叶片基本为扁平状,有利于植物获得充足的光照。绝大多数被子植物的叶都有叶片和叶柄,很多植物的叶无托叶。有的植物既无托叶也无叶柄,只有叶片,如莴笋(图 6-2-25)。少数植物缺托叶和叶片,仅由叶柄扩展成叶片状的扁平状形态,如相思树(如图 6-2-25)。

完全叶:1.叶片 2.叶柄 3.托叶 4.枝条

完全叶的构成　　　　　　　　**相思树叶**

玉米叶　　莴笋叶　　桃叶　　苹果叶　　枫树叶

图 6-2-25 几种常见植物的叶

(2) 单叶和复叶

在一个叶柄上只生一个叶片的,叫作单叶;在一个叶柄或叶轴上生长若干小叶,每一小叶完全独立,甚至还有各自的小叶柄,叫作复叶。

根据小叶的排列方式,复叶可细分为三出复叶、掌状复叶、奇(偶)数羽状复叶、二回羽状复叶等(图 6-2-26)。

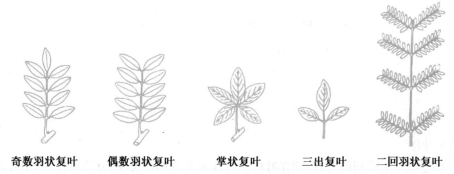

奇数羽状复叶　　偶数羽状复叶　　掌状复叶　　三出复叶　　二回羽状复叶

图 6-2-26 几种复叶的类型

思考与讨论：
　　复叶和枝条很相似,怎样区别它们呢?

(3) 脉序

　　叶片上可见各种走向的叶脉,其实它是贯穿于叶片之中的大大小小的维管束,通过叶柄与茎中维管系统相接。叶脉按其分出的次序和粗细可分成主脉、侧脉和细脉三类。根据叶片上叶脉分布的走向,常见脉序有以下几种(图6-2-27)。

　　平行脉　　　　状网脉　　　　　　　　　　叉状脉

图 6-2-27　各种叶片的叶脉

(4) 叶形

　　叶片的形状叫作叶形。根据叶片长度与宽度的比例和叶片中最宽处所在的位置,叶形可以有以下多种(图6-2-28)。

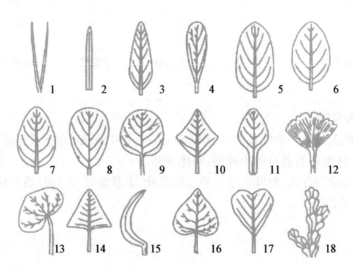

图 6-2-28　叶片的形状

1. 针形　2. 线形　3. 披针形　4. 倒披针形　5. 长圆形　6. 椭圆形　7. 卵形　8. 倒卵形
9. 圆形　10. 菱形　11. 匙形　12. 扇形　13. 肾形　14. 三角形　15. 镰形　16. 心形
17. 倒心形　18. 鳞形

(5) 叶序

　　叶在茎或枝上排列的方式,叫作叶序。叶序可分为四种类型:互生叶序、对生叶序、轮生叶序和簇生叶序(图 6-2-29)。其中,互生叶序最为常见。

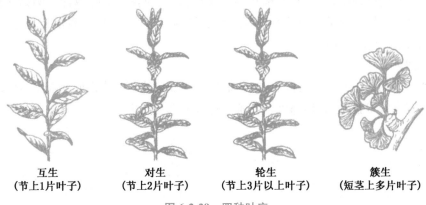

互生	对生	轮生	簇生
(节上1片叶子)	(节上2片叶子)	(节上3片以上叶子)	(短茎上多片叶子)

图 6-2-29　四种叶序

(6) 叶的变态

有些植物的叶,形态和功能都与正常的叶不同,这样的叶叫作变态叶。

① 叶刺

有些植物的叶或叶的某一个部分变化成刺,叫作叶刺。例如仙人掌上面的针状刺,可降低水分的蒸腾。酸枣叶基部的刺,是由托叶变化而成的,具有保护作用(图 6-2-30)。

② 叶卷须

仙人掌　　　　　　　酸枣

图 6-2-30　几种叶刺

由叶变化而成的细须,叫作叶卷须。例如豌豆顶端的小叶变化而成的卷须,可以使豌豆攀援在别的物体上生长(图 6-2-31)。

叶卷须

图 6-2-31　豌豆的叶卷须

图 6-2-32　百合的鳞叶

47

③ 鳞叶

有些植物的叶呈鳞片状,叫作鳞叶,分为肉质鳞叶和膜质鳞叶两种。例如洋葱、百合(图 6-2-32)的食用部分是肉质鳞叶,肥厚肉质,营养丰富。而荸荠、慈姑和藕上长有膜质鳞叶,具有保护侧芽的作用。

④ 捕虫叶

有些植物的变态叶能捕食昆虫,叫作捕虫叶。如猪笼草的变态叶呈瓶状(图 6-2-33),茅膏菜的变态叶呈盘状,它们都可以分泌消化液来消化昆虫。

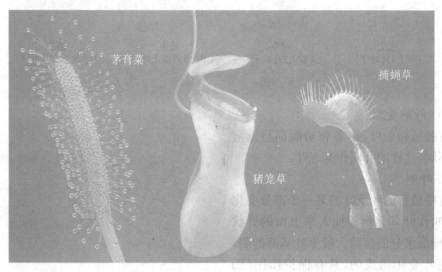

茅膏菜

捕蝇草

猪笼草

图 6-2-33　捕虫叶

2. 叶的结构

叶片分为表皮、叶肉和叶脉三部分(如图 6-2-34)。

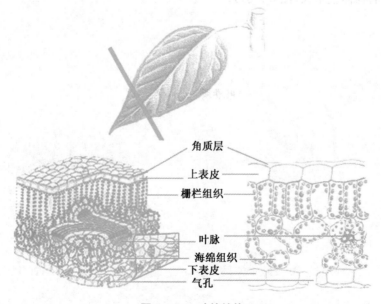

角质层
上表皮
栅栏组织
叶脉
海绵组织
下表皮
气孔

图 6-2-34　叶的结构

表皮　表皮包被着整个叶片,有上下表皮之分。表皮通常由一层生活的细胞组成,但也有多层细胞组成的。表皮细胞的外形较规则,排列紧密整齐,外壁较厚,常具角质层(如图6-2-34)。一般植物叶的表皮细胞不具叶绿体。叶的表皮具有较多的气孔,这是和叶的功能有密切联系的一种结构,它既是与外界进行气体交换的门户,又是水汽蒸腾的通道,各种植物的气孔数目、形态结构和分布是不同的。

叶肉　叶肉是上、下表皮之间的绿色组织的总称,是叶进行光合作用的主要部分,通常由薄壁细胞组成,内含丰富的叶绿体。近上表皮部位的绿色组织排列整齐,细胞呈长柱形,细胞长轴和叶表面相垂直,呈栅栏状,称为栅栏组织。栅栏组织的下方,即近下表皮部分的绿色组织,形状不规则,排列不整齐,疏松和具较多间隙,呈海绵状,称为海绵组织。

思考与讨论:
为什么叶子的正面颜色深,背面颜色浅。

叶脉　叶脉也就是叶内的维管束,叶片中的维管束是通过叶脉而与茎中的维管束相连接。

3. 叶的功能

知识拓展

光合作用发现的历程

1643年,荷兰科学家凡·海尔蒙特把一棵柳树种到一盆泥土里,只给柳树浇水,5年后它长到了74千克。海尔蒙特认为树的生长只需要水。现在众所周知,水是光合作用的重要原料之一。

1771年,英国科学家约瑟夫·普罗斯特勒把一只燃烧的蜡烛放在一个密封罐中时,火焰熄灭了;然而他把一株植物和蜡烛一起放到密封罐里,蜡烛就一直燃烧着,他认为植物把某些东西释放到空气中,这样就是蜡烛能够一直燃烧的原因,如今,我们都知道植物产生的是氧气,这是光合作用的产物之一。

1779年,荷兰科学家扬·英根豪斯把带叶的枝条放在水里,阳光下,这些叶子产生了氧气,但他们在黑暗处并不产生氧气,因此他认为植物需要阳光才能制造出氧气。

绿色植物的光合作用主要发生在叶片部位。光合作用总的过程,可以用下列化学方程式简单地表示。

$$CO_2 + H_2O \xrightarrow[\text{叶绿体 酶}]{\text{光能}} (CH_2O) + O_2$$

光合作用并不是一个简单的过程,而是由一系列复杂的反应所组成,大致分为光反应和暗反应两大过程。在叶绿体的膜上,叶绿素分子利用所吸收的光能,首先将水分解成氧和氢,其中的氧以分子状态释放出去,其中的氢是活泼的还原剂,能够参与暗反应中的化学反应。在光反应阶段中，叶绿素分子所吸收的光能被转变为化学能，并将这些化学能储存在三磷酸腺苷（ATP）中。整个反应是在光能激发下进行的，称为光反应。

ATP和光反应中产生的氢被用于糖类的生成反应。植物吸收的CO_2分子先和叶绿体基质中的一个五碳化合物在酶的催化下生成两个三碳化合物，然后一部分三碳化合物由ATP供给能量，在酶的催化下被氢还原形成糖类，于是活跃的化学能转变成了稳定的化学能。还有一部分三碳化合物还原后，在多种酶的催化下重新形成五碳化合物，再次参加CO_2的固定。上述反应是循环进行的，是由美国科学家卡尔文经过近十年的研究，发现并提出来的，因此人们将这些反应称为卡尔文循环。这个阶段的反应发生在叶绿体基质中，在无光条件下也可以进行，故称为暗反应。

光反应和暗反应是一个整体，在光合作用的过程中（图6-2-35），两者是紧密联系、缺一不可的。整个过程可以总结为：光合作用是叶绿体吸收并利用光能，将CO_2和H_2O合成有机物质并释放O_2，将光能转换成化学能的过程。

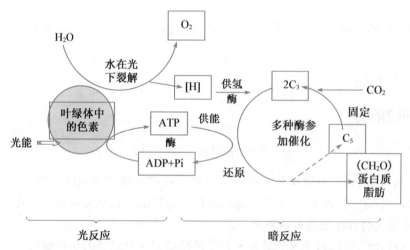

图6-2-35 光合作用的过程

光合作用产生的有机物不仅为人类和一切异养生物提供了食物，同时也为许多工业，尤其是轻工业提供了必不可少的原料。此外，光合作用将太阳能转化成有机物中的化学能，不仅直接为人类和异养生物提供了生命活动所需的能量，而且这些化学能还可以长期贮存。煤和石油就是亿万年前植物光合作用直接或间接的产物。

（2）呼吸作用

植物体具有活细胞的部分都时刻进行着呼吸作用，即使休眠的种子也有微弱的呼吸。

有氧呼吸 是指植物细胞在氧的参与下，通过酶的催化作用，把葡萄糖等有机物彻底氧化分解，最终产生二氧化碳和水，同时释放出大量能量的过程。有氧呼吸的过程可以用下面的反应式简单的表示：

$$C_6H_{12}O_6 + 6O_2 + 6H_2O \xrightarrow{\text{酶}} 6CO_2 + 12H_2O + 能量$$

有氧呼吸是一个复杂的过程（图6-2-36），其全过程可以分为三个阶段：第一个阶段，一个分子的葡萄糖分解成两个分子的丙酮酸，在分解过程中产生少量的氢，同时释放出少

量的能量。这个阶段是在细胞质基质中进行的。第二个阶段,丙酮酸经过一系列的反应,
分解成二氧化碳和氢,同时释放出少量的能量。第三个阶段,前两个阶段产生的氢,经过
一系列的反应,与氧结合形成水,同时释放出大量能量。第二和第三阶段在线粒体内完
成。以上三个阶段中的各个化学反应是由不同的酶来催化的。

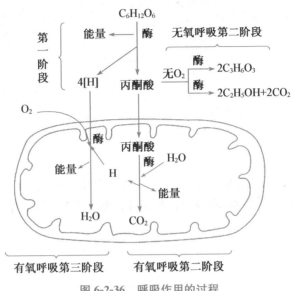

图 6-2-36　呼吸作用的过程

　　无氧呼吸　　无氧呼吸是指植物细胞在缺氧条件下,通过酶的催化作用,把葡萄糖等有
机物进行不彻底的分解,其产物一般是酒精或乳酸,同时释放出少量能量的过程。这个过
程对于高等植物来说,叫作无氧呼吸。如果用于微生物(如乳酸菌、酵母菌)则习惯上叫作
发酵。其反应方程式如下:

$$C_6H_{12}O_6 \xrightarrow{酶} 2C_2H_5OH + 2CO_2 + 能量$$

$$C_6H_{12}O_6 \xrightarrow{酶} 2C_3H_6O_3 + 能量$$

（3）蒸腾作用

　　水分以气体状态从活体植物的体
表挥散到大气中的现象称为蒸腾作用
(图 6-2-37)。在盛夏,从植物体散失
的水分可以带走大量的热量,从而保
证植物在烈日暴晒下叶面温度不至于
上升过高。

　　在温暖潮湿、光照不强的气候条
件下,或者在早晨,植物的蒸腾速率将
下降至极低水平,甚至停止。这时如
果根部水分供应充足,植物叶尖或叶
缘就可能有液滴外泌,这种现象称为

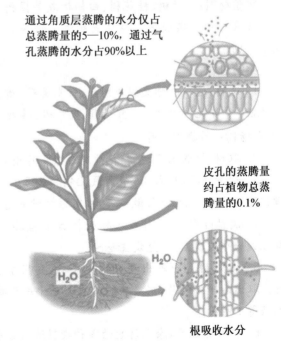

通过角质层蒸腾的水分仅占
总蒸腾量的5—10%,通过气
孔蒸腾的水分占90%以上

皮孔的蒸腾量
约占植物总蒸
腾量的0.1%

根吸收水分

图 6-2-37　蒸腾作用

吐水(图 6-2-38)。吐水是根压引起的水分外流,以禾本科植物常见。

图 6-2-38 吐水现象

（4）叶面吸收

透过角质层,叶片仍可吸收少量水分以及溶于水中的无机盐、农药和小分子有机物（如尿素）。利用叶片这个特点,农业上常采用叶面施肥的措施提高农作物的产量,具有省肥、速效的突出优点。

 实践活动

叶脉书签的制作

实验原理:强碱腐蚀叶肉

实验目的:了解叶脉标本的制作过程

实验材料:玉兰树、桂花树、白杨树或菩提树叶 氢氧化钠 碳酸钠 烧杯酒精灯 铁架台 镊子 刷子

实验过程:

1. 选材:选取叶脉交织成网状、叶形美观、质地坚韧、叶片完整的叶。（宜选用玉兰树、桂花树、白杨树或菩提树的叶）

2. 取材:摘取玉兰叶、桂花叶洗净擦干备用。

3. 称量药品:称取 3.5 g 氢氧化钠和 2.5 g 无水碳酸钠放入烧杯中,加入 100 mL 水,搅拌使之溶解（此比例仅做参考）。可根据叶的老嫩适当调整药品用量。

4. 腐蚀叶肉:将叶片放入溶液中,加热煮沸至叶肉变软变黄为止（约 10 min）,可在烧杯上加一个玻璃盖,以免发生危险。

5. 刷洗:用镊子取出煮好的叶片（不要用手直接拿,强碱有腐蚀性）,放在清水中漂洗。取出后平铺叶片,用柔软的旧牙刷把叶片两面已腐蚀的叶肉刷干净,边刷边冲洗,直到只留下叶脉。

6. 将叶脉晾干,涂上喜欢的各种染料进行染色。

7. 用纸巾把多余的染料吸干,夹在书中使其平整。

主要术语 ▶

完全叶　不完全叶　单叶　复叶　叶序　光合作用　呼吸作用
【请写出被子植物的叶知识网络图】

练习与巩固

1. 一片完整的叶子由_____三部分构成。　　　　　　　　（　）
　　A. 叶片和叶柄　　　　　　　　　B. 叶片、叶柄和叶脉
　　C. 叶片、叶柄和一对托叶　　　　D. 叶片、叶柄、叶脉和一对托叶

2. 以下不属于叶子变态而来的是　　　　　　　　　　　　　（　）
　　A. 猪笼草的捕虫囊　　　　　　　B. 洋葱的主要食用部分
　　C. 玫瑰茎上的刺　　　　　　　　D. 豌豆的卷须

3. 下图是光合作用图解,图中1是　　　　　　　　　　　　（　）

光　　1　　2

水

叶绿素等

(分解)　4

卡尔文循环

葡萄糖

3
　ATP
Pi

光反应　　暗反应

　　A. 氢　　　　B. 二氧化碳　　　C. 氧气　　　　D. ADP

4. 旱生植物的叶有利于减少蒸腾的特征不包括　　　　　　　（　）
　　A. 叶子小　　　B. 叶面多绒毛　　C. 角质层发达　　D. 海绵组织发达

5. 炎热的夏天,树林里空气湿润,凉爽宜人,主要原因是　　　（　）
　　A. 光合作用降低了二氧化碳浓度和空气湿度

B. 呼吸作用吸收了大量的热,降低了空气温度

C. 蒸腾作用降低了树林的温度,提高了大气湿度

D. 呼吸作用产生了大量的水分,提高了空气湿度,降低了空气温度

6. 光合作用与呼吸作用的关系是 ( )

A. 相互依存,同时进行   B. 相互促进,相互加强

C. 相互依存,过程相同   D. 相互依存,过程相反

四、花

花是被子植物的生殖器官,植物的有性生殖过程都是在花中进行的。花还是被子植物分类的主要依据之一。因此,了解花的形态结构,对于研究植物的有性生殖、果实和种子的形成以及被子植物的分类都是非常重要的。

1. 花的形态结构

典型的被子植物两性花由花柄(梗)、花托、花被(花萼和花瓣的总和)、雄蕊和雌蕊几个部分构成(图 6-2-39)。

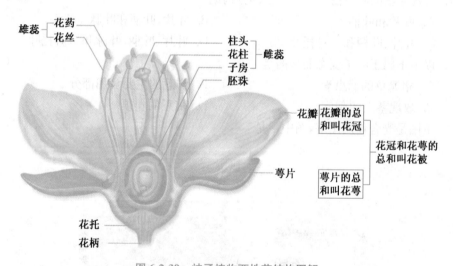

图 6-2-39　被子植物两性花结构图解

花被包括花萼和花冠两部分。花萼位于花的最外层,具保护作用。花冠位于花萼内侧,由若干片花瓣构成。花瓣有各种颜色,并能产生和释放出挥发性芳香油,有利于引诱昆虫传粉。此外,花冠还具有保护雌、雄蕊的功能。风媒花的花冠多退化,便于花粉随风飘散,如杨树、水稻等。

雄蕊由花丝和花药两部分组成。花丝着生于花托或花冠基部,顶端着生花药。花药中具花粉囊,内有众多的花粉。

雌蕊位于花的中央,是花的核心部分。多数花只有一个雌蕊,少数较原始的被子植物可有多个雌蕊。雌蕊通常由柱头、花柱和子房三部分组成。有些风媒花的柱头长成羽毛状,大大提高了从空气中截获花粉的机会。柱头不仅能承接花粉,而且可保证同种花粉的识别及花粉管的萌发。花柱不仅是花粉管进入子房的通道,而且还是花粉管伸长所需营

养的提供者。子房内有一至多个子房室。每一室有胚珠。胚珠外有珠被包裹,仅留一珠孔供花粉管穿入。它是被子植物有性生殖的核心部位。

观察花的结构

实验原理:一朵完全花由花托、花萼、花冠、雌蕊和雄蕊这几个部分构成。

实验目的:了解花的结构,了解花的每一个部分的作用。

实验材料:花　放大镜　滴瓶滴管　载玻片　盖玻片　尺子　解剖刀　显微镜

实验过程:

1. 观察花的外部结构

观察花萼、花瓣的形状、数量、颜色、气味。

2. 观察花蕊

① 小心地掰开花瓣,观察雄蕊着生位置和数量。

② 将一枚雄蕊在盖玻片上轻轻抖动,落下花粉后,滴一滴水,盖上盖玻片,放在显微镜下观察。

③ 取下雌蕊,切开子房 。

最后将花的结构画出来。

知识拓展

花瓣的颜色为什么多种多样?

花瓣的颜色主要是由花瓣细胞内所含的色素决定的。当花瓣细胞含有叶黄素和胡萝卜素时,花瓣呈黄色、橙色或橙红色;当花瓣细胞含有花青素时,花瓣便呈红色、蓝色、紫色甚至是青紫或黑色等。有些植物的花瓣同时含有上述几种色素,花瓣的颜色就会绚丽多彩。如果花瓣细胞中不含任何一种色素,花瓣就呈白色。

2. 花的生殖作用

植物长大后,逐渐进入花芽分化期,分别产生雄蕊和雌蕊。雄蕊的花药中有众多的花粉,一旦花粉落到成熟雌蕊的柱头上,传粉也就完成了。

(1) 传粉

成熟的花粉借助于一定的媒介力量传送到雌蕊的柱头上,这一过程叫作传粉。一般有自花传粉和异花传粉两种方式(图6-2-40)。

自花传粉　一朵花的花粉落到同一朵花的柱头上的现象,叫作自花传粉。番茄、豌豆等都是这种传粉方式。

异花传粉　一朵花的花粉落到另一朵花的柱头上的现象,叫作异花传粉。南瓜、玉米、向日葵等都是异花传粉植物。连续的自花传粉会导致后代生活力的逐渐衰退,而异花传粉植物的后代,具有较强的生活力和适应性。异花传粉虽然能够产生出生活力强的后代,但是遇到不利的环境条件,如阴雨绵绵、昆虫不出来活动时,传粉就得不到保证。自花传粉则能弥补这一缺陷,能够保证传粉过程的顺利完成,并保持了农作物品种的纯度。

异花传粉需要有一定的媒介,这种媒介主要有风和昆虫。此外,水、小鸟、蜗牛、蝙蝠等小动物也能起传粉作用。

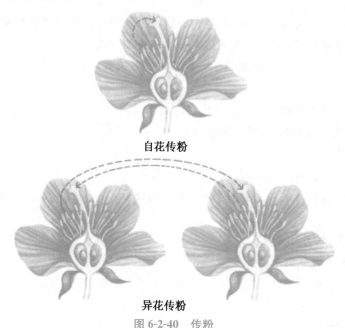

自花传粉

异花传粉

图 6-2-40　传粉

（2）受精

受精是精子与卵细胞相融合的过程。雌蕊成熟后柱头上分泌出黏液。落到柱头上的花粉受到黏液的刺激后开始萌发,逐渐形成细长的花粉管。花粉管伸入到柱头内,沿着花柱向子房生长,花粉管到达胚珠以后,一般通过珠孔进入胚囊。这时,花粉管顶端破裂,两个精子也随之进入胚囊,完成双受精作用（图 6-2-41）。

双受精的出现,意味着植物界在其进化的历程中跃上了一个新的高度。它一方面通过精卵的结合,使后代秉承双亲的遗传物质,同时还出现一定的新杂交组合;另

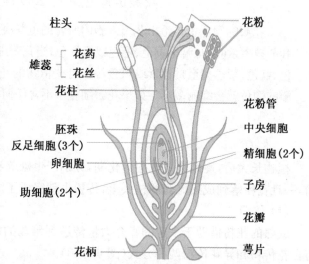

柱头　　　　　　　　　花粉

雄蕊 { 花药
　　　 花丝

花柱

花粉管

胚珠　　　　　　　　中央细胞

反足细胞(3个)

卵细胞　　　　　　　精细胞(2个)

助细胞(2个)　　　　子房

花瓣

花柄　　　　　　　　萼片

从花粉管中释放出来的两个精子,一个与卵细胞融合,形成受精卵,另一个与中央细胞的极核融合,叫双受精作用。

图 6-2-41　双受精作用

一方面,胚乳细胞的出现,积累了大量有机物作为营养储备,使被子植物在自然界的竞争中处于十分有利的地位。

知识拓展

干花的制作方法

风干是最简单、最常用的一种制作干花的方法,选一间温暖、干燥且通风条件良好的房间,室内温度不应低于10摄氏度。有加热设施的房间或是顶楼、阁楼之类的地方都很好。绣球花、飞燕草、含羞草、艾菊等花,需用细麻线把他们扎成小把倒挂在衣钩或细绳上面。纸莎草、薰衣草、蒲苇花,插在敞口很大的容器里风干,使它们能成扇形摊开。有的花平摊着放到架子上即可。风干的时间随着花的类别、空气湿度和气温的变化而变化。必须记住每隔两三天就要去看一看,闻一闻,如果你的花象纸那样脆了,便大功告成了。

主要术语 ▶

雌蕊　雄蕊　自花传粉　异花传粉　双受精作用
【请写出被子植物的花知识网络图】

练习与巩固

1. 一朵典型的被子植物完全花由_____构成。　　　　　　　　　　　（　　）
   A. 花梗、花托、花被、雌蕊和雄蕊　　　B. 花托、花瓣、雌蕊和雄蕊
   C. 花柄、花瓣、花萼、雌蕊和雄蕊　　　D. 花梗、花萼、雌蕊和雄蕊

2. 自花传粉的优点不包括　　　　　　　　　　　　　　　　　　　　　（　　）
   A. 保持物种的优良特性　　　　　　　B. 保证传粉不受天气等外界影响
   C. 不依赖外界媒介　　　　　　　　　D. 会促进生物的进化

3. 被子植物的双受精过程是　　　　　　　　　　　　　　　　　　　　（　　）
   A. 授粉→萌发花粉管→花粉管生长进入胚珠→两个精子通过花粉管进入胚囊→

　　　　两个精子分别与卵细胞和极核结合

　　B. 授粉→萌发花粉管→两个精子通过花粉管进入胚囊→花粉管生长进入胚珠→
　　　　两个精子分别与卵细胞和极核结合

　　C. 授粉→萌发花粉管→两个精子通过花粉管进入胚囊→花粉管生长进入胚珠→
　　　　两个精子分别与卵细胞和中央细胞结合

　　D. 授粉→萌发花粉管→花粉管生长进入胚珠→两个精子通过花粉管进入胚囊→
　　　　两个精子分别与卵细胞和中央细胞结合

4. 小明帮父母收获玉米时,发现有些"玉米棒子"上只有很少的几粒玉米。你认为造成这些玉米缺粒的最可能原因是　　　　　　　　　　　　　　　　　　　　　　　　(　　)

　　A. 水分不足　　　　B. 光照不足　　　　C. 无机盐不足　　　　D. 传粉不足

5. 桃花的哪一部分被害虫吃掉后,将不能结出果实和种子　　　　　　　　　　(　　)

　　A. 花瓣　　　　　　B. 雄蕊　　　　　　C. 雌蕊　　　　　　　D. 蜜腺

6. 关于花的传粉,说法正确的是　　　　　　　　　　　　　　　　　　　　(　　)

　　A. 风媒花一般没有香味,也没有漂亮的花瓣

　　B. 由于异花传粉经常受到外界因素的影响,因此自花传粉比异花传粉在生存与
　　　　进化方面要先进些

　　C. 虫媒花需要吸引昆虫传粉,因此都在白天开花

　　D. 异花传粉的都是单性花

五、果实

　　植物开花受精以后,吲哚乙酸等植物激素大量合成,促成子房壁等迅速吸收营养,发育成为包裹在种子外围的具有滋养和保护作用的果皮,由果皮包着种子,果实也就形成了。

1. 果实的一般结构

　　果实都是由果皮和种子组成的。多数植物的果皮是完全由子房壁发育而成的,这类果实叫作真果,如桃、稻、辣椒等的果实。除了子房壁以外,还有花的其他部分(如花托、花被)参与形成果实,这种果实称为假果,如苹果、梨等。

　　果实的形态虽多种多样,但其基本结构却是相同的(图6-2-42)。

　　果实大部分都有三层果皮。但由于植物的种类不同,这三层果皮的发育情况也不同。

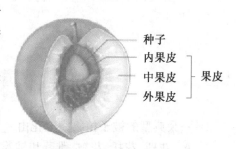

种子
内果皮 ⎫
中果皮 ⎬ 果皮
外果皮 ⎭

图 6-2-42　桃的果实纵切面

2. 果实的类型

　　根据果实的形态结构不同,可以将果实分为三大类型:

(1) 聚花果

　　聚花果是由整个花序发育而成的果实。例如桑葚是由一个雌花序发育而成,各花的子房发育成为一个小浆果,包藏在肥厚多汁的花萼中。菠萝(凤梨)的果实也是很多花长在花轴上,花不孕,花轴肉质化,成为好吃的部分。

（2）聚合果

草莓、莲蓬、玉兰等植物的花有多个雌蕊，每个雌蕊都形成一个小果实，集生在一个花托上。这种果实叫作聚合果。

（3）单果

单果是由一朵花的单雌蕊子房或复雌蕊子房所形成的一个果实。单果又可以分为肉果和干果两类：

① 肉果

果实成熟后，果皮肥厚多汁的叫作肉果。常见的有：核果、梨果（图6-2-43）、浆果（图6-2-44）、柑果（图6-2-45）等。

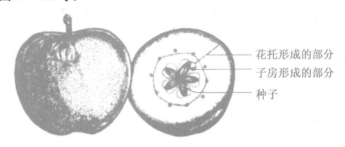

花托形成的部分
子房形成的部分
种子

图 6-2-43　苹果的外形和横切面结构

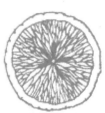

图 6-2-44　浆果（葡萄）的外形和横切面　　　　图 6-2-45　柑果（浆果的一种）的全形和纵切面

② 干果

果实成熟以后，果皮干燥无汁。其中，果皮开裂的叫作裂果，果皮不开裂的叫作闭果。

裂果可以分为以下几种：荚果（图6-2-46）、菁葖果（图6-2-47）、角果（图6-2-48）和蒴果（图6-2-49）等。

豌豆　　　　　　　　花生

图 6-2-46　荚果　　　　　　　　　　图 6-2-47　各种各样的菁葖果

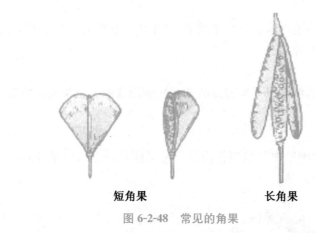

短角果 长角果

图 6-2-48 常见的角果

紫堇 罂粟 棉花

图 6-2-49 常见的蒴果

闭果可以分以下几种(图 6-2-50):瘦果、颖果、翅果、坚果和双悬果等。

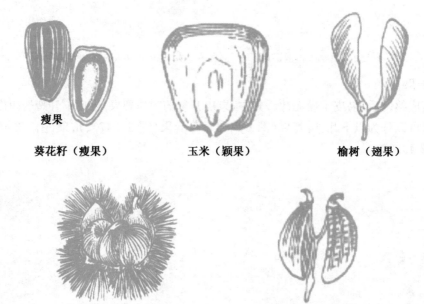

瘦果

葵花籽（瘦果） 玉米（颖果） 榆树（翅果）

板栗（坚果） 胡萝卜（双悬果）

图 6-2-50 常见的闭果

知识拓展

无花果真的不开花就结果吗

在人们的印象中,无花果是不开花也能结果的植物。其实无花果是开花的,无花果真正的花其实在它发育的早期就已经形成了,如果我们剖开一个幼嫩的无花果就会看见里面有一些丝状的物质,那个就是它的花。它的这种花序类型被称作隐头花序,花序托包裹着无花果的花,使它免受动物和自然环境的伤害,一种非常小的昆虫钻入无花果球里面传粉,无花果就逐渐发育成熟。

3. 果实成熟时的生理变化

植物光合作用制造的有机物源源不断地向果实输送,经过一系列转化,贮藏在果实中。

变香甜 果实中的含糖量随着果实的发育成熟而逐渐增多。有些果实在发育过程中积累了大量淀粉,这时果实不甜,到成熟时淀粉分解成糖,果实才变甜。有些水果果肉细胞中含有很多有机酸,如苹果酸、柠檬酸等。有机酸是由碳水化合物转化而来的,当果实成熟时,一部分有机酸转化成糖,一部分被氧化而逐渐消失。有些果实未成熟时有强烈涩味,如柿子、香蕉等。这是因为果实中含有可溶性单宁。果实成熟时,单宁被氧化或者变成不溶性物质,所以涩味消失。果实成熟时还有香味,这是因为形成了香精油的缘故。

变柔软 果实在幼嫩时质地坚硬,随着成熟而逐渐变软。这是由于果实成熟时,果肉细胞壁之间的果胶钙在果胶酶的作用下分解,结果使细胞彼此分离,因而果实变软。

果皮颜色 幼嫩果实是绿色的,成熟后变成红色、橙色或紫色。这是因为幼果的果皮中含叶绿素较多,以致胡萝卜素、叶黄素或花青素的颜色显不出来,所以呈现绿色。果实成熟后,叶绿素被破坏,胡萝卜素、叶黄素或花青素的颜色就显示出来,所以呈现红色、橙色或紫色。

实践活动

用酸碱测定植物中是否含有花青素

实验原理:花青素在酸性条件下显示红色,碱性条件下显示蓝色,中性条件下显示紫色,由此检测植物在酸碱环境下是否有上述颜色变化,来测定是否有花青素。

实验目的:
1. 通过探究提高同学们的观察发现能力
2. 通过实验提高实验操作技能
3. 通过实验思考拓展到生活应用中

实验材料:(自己填各种植物的各个器官,例如杜英的红色落叶等等) 碾钵 乙酸溶液 小苏打溶液 试管 滴管 定性滤纸

实验过程:

1. 将植物的各种器官分别放到碾钵中碾碎,加入少量水。
2. 将碾出的汁液分别滴2滴到定性滤纸上。
3. 分别在这2滴上滴上小苏打溶液和乙酸溶液,比较这2滴的颜色变化。
4. 分析记录实验结果。

4. 果实和种子的传播

在长期的自然选择过程中,成熟的果实和种子具备适应传播的特征。因此,果实和种子成熟后,借助风力、水力、果皮的弹力以及人和动物的活动,散布到各处,这对于扩大后代植株生长的范围和植物种群的繁盛是极其有利的。

风传播 有些种子非常细小轻便或者有翅状或羽毛状的附属物,随风飞行。例如菊科的蒲公英,柳树及木棉等。

靠植物体本身传播 不依赖其他的传播媒介,利用果实或种子本身具有重量,成熟后,果实或种子会因重力作用直接掉落地面,或者像有些蒴果及角果,果实成熟开裂之际会产生弹射的力量,将种子弹射出去,如凤仙花等。

水传播 靠水传播的种子其表面蜡质不沾水、果皮含有气室、比重较水低,可以浮在水面上,经由溪流或是洋流传播,如莲蓬等。

动物传播 鸟类和哺乳动物食用植物的果实后将种子吐出,或者种子经过消化道后随意排泄。有些鸟类摄食、传播种子,但并没有全部消耗掉所有的养分,掉在地上的种子,其表面上还有残存的一些养分可供蚂蚁摄食,这个时候蚂蚁就成了二手传播者。还有一些果实表面有勾刺,能黏附在动物的身上,由动物带到其他的地方,如苍耳等。

主要术语 ▶

聚花果　聚合果　单果　肉果　干果

【请写被子植物的果实知识网络图】

练习与巩固

1. 生物学上,果皮是指　　　　　　　　　　　　　　　　　　　　(　　)

    A. 水果的皮　　　　　　　　　　B. 子房发育成的部分

    C. 果实最外侧的部分　　　　　　D. 果实中由子房壁发育成的部分

2. 辣椒完成受精作用后,花的各部分发生了明显的变化。下列变化中不正确的是

（　　）

　　A. 子房壁→种皮　　B. 受精卵→胚　　C. 胚珠→种子　　D. 子房→果实

3. 果实成熟时,_____被氧化或者变成不溶性物质,所以本来的涩味会消失。

（　　）

　　A. 果胶钙　　　　B. 单宁　　　　C. 有机酸　　　　D. 淀粉

4. 从田间收回玉米后,农民会选择合适的地方保存玉米,保存玉米的有利环境是

（　　）

　　A. 干燥、低温　　B. 潮湿、低温　　C. 干燥、高温　　D. 潮湿、低温

5. 桃子的食用部分是由什么发育而来的?

（　　）

　　A. 子房壁　　　　B. 胚珠　　　　C. 胚乳　　　　D. 受精卵

六、种子

被子植物双受精后,受精卵发育成胚,中央细胞受精后逐渐发育成胚乳。与此同时,胚珠的珠被细胞加速分裂和分化,形成包在胚和胚乳之外的种皮。

1. 种子的基本结构

尽管植物种子的形态、颜色和大小有很大的差异,但是它们的内部结构却是基本相同的,都是由种皮、胚和胚乳组成。

（1）无胚乳种子

解剖并观察蚕豆种子可知,蚕豆略呈肾形、扁平状,种皮柔软革质,但干燥后十分坚硬。种子的两端中较宽的一端有一条黑色眉状的斑痕,这是种脐。种脐的一端有种孔。

剥掉种皮,可以看到两片肥厚、扁平的子叶,这两片子叶几乎占去种子的全部体积。子叶中贮存了大量的营养物质,是人们食用的部分。掰开两片子叶,可以看到子叶着生在短粗的胚轴上。胚轴的一端是幼叶状的胚芽,胚轴的另一端是条状的胚根（图6-2-51）。

由此可见,蚕豆的种子是由种皮和胚两部分组成的,是无胚乳种子。

像蚕豆、花生这样,种的胚具有两片子叶的植物叫作双子叶植物。种子的胚只有一

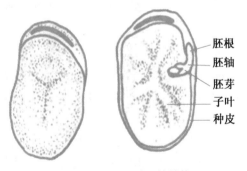

图 6-2-51 蚕豆种子的结构

片子叶的植物叫作单子叶植物,如玉米、水稻、小麦、慈姑等。大多数的双子叶植物如花生、大豆、南瓜、向日葵等,以及一部分单子叶植物如慈姑的种子都是无胚乳种子。

（2）有胚乳种子

小麦的颖果呈椭圆形,腹面有一条腹沟。小麦的胚位于果实背面的基部,所占的比例很小,而胚乳则占了果实体积的大部分。胚由胚芽、胚轴、胚根和子叶四部分组成。小麦的子叶只有一片,呈盾状,叫作盾片。在胚芽和胚根的外表包着一层鞘状物,分别叫作胚

芽鞘和胚根鞘。它们对胚芽和胚根起保护作用（图6-2-52）。

因此，小麦、玉米的种子由种皮、胚和胚乳三部分组成。小麦种子的外层是由果皮和种皮愈合而成的。人们日常所说的小麦种子，实际上是小麦的果实。

大部分单子叶植物的种子如玉米、水稻、高粱等，以及部分双子叶植物的种子如蓖麻、烟草、番茄等都属于有胚乳种子。

综上所述，种子通常是由种皮、胚和胚乳三部分组成的。种皮是胚和胚乳的保护性外被。胚是种子中最重要的部分，是一个幼小的植物体，通常由胚芽、胚轴、胚根和子叶四部分组成。胚芽能够发育成新植物体的茎和叶；胚根能够发育成根；胚轴能够发育成连接茎和根的部分；子叶通常则为种子的萌发提供营养物质。

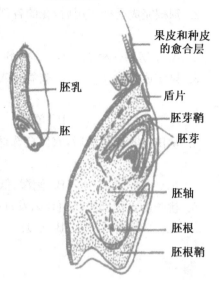

图 6-2-52　小麦颖果的结构

胚乳中贮藏有丰富的营养物质，可供种子萌发和幼苗早期生长时利用。大部分双子叶植物，例如各种豆类和瓜类的种子，在成熟的过程中，胚乳被生长发育着的胚逐渐吸收，并且把营养物质转移到子叶中贮藏起来了。所以，这类种子在成熟以后，种子中就没有胚乳存在，而形成了两片肥厚的子叶。

思考与讨论：

单子叶植物和双子叶植物的种子有什么区别？

---

2. 种子的生理

种子形成的过程中，叶光合作用制造的有机物源源不断地运向种子。这些有机物在种子中要经过一系列的转化，才能变成淀粉、脂肪和蛋白质等有机物，并且在种子中贮藏起来。

（1）种子成熟时淀粉的形成

种子形成时，由叶运来的有机物主要是葡萄糖。葡萄糖到达种子的胚乳或子叶后，在淀粉酶的作用下，逐渐转化为淀粉。这时候，淀粉在细胞中沉淀，由于淀粉不溶于水，形成了大小不同的淀粉粒。

（2）种子成熟时脂肪的形成

油料作物种子含有的脂肪也是由糖类转化而来的。实验证明，油料作物种子在形成和成熟的过程中，随着干重的增加，含油量迅速增大，淀粉和可溶性糖的含量反而下降。这说明脂肪是由糖类转化而来的。其过程是：首先由糖类转化为甘油和脂肪酸，甘油和脂肪酸在脂肪酶的作用下合成脂肪。

在双子叶植物中，脂肪主要贮藏在胚的子叶里。在禾谷类种子中，胚的脂肪含量较多,胚乳里只含少量。玉米油就是从玉米种子的胚中提取出来的。

（3）种子成熟时蛋白质的形成

种子中含有的蛋白质是由氨基酸转化而来的。氨基酸的来源,可以是由糖类转化而来,也可以是在光合作用中产生。氨基酸到达种子和果实后,在蛋白酶的作用下合成蛋白质。

探究种子萌发的外界条件

实验原理:种子萌发所需要的外界条件是充足的水分、足够的空气和适宜的温度。

实验目的:

1. 提高实验设计的技能

2. 充分理解种子萌发的外界条件

实验材料:树枝　刀片

实验过程:

1. 提出问题:种子在什么环境下才能够萌发?

2. 做出假设:根据自己的生活经验,做出种子萌发所需环境条件的假设。

3. 制定计划:根据假设,个人设计探究实验计划。

4. 完善计划:4～6人一组,制定探究实验方案。

5. 实施计划:按确定的计划进行实验,定期观察,记录种子萌发情况。

6. 分析结果,得出结论。

7. 撰写实验报告。

主要术语 ▶

胚根　胚芽　胚轴　子叶　胚乳　种皮　胚
【请写出被子植物的种子知识网络图】

练习与巩固

1. 种子萌发的过程中,最先发育的是 （ ）

   A. 胚根　　　　　B. 胚轴　　　　　C. 胚芽　　　　　D. 一起发育

2. 种子的最重要部分是 （ ）

   A. 胚芽　　　　　B. 胚乳　　　　　C. 胚　　　　　D. 子叶

3. 将颗粒完整的活种子分成甲、乙两组,在约 25 ℃的条件下分别播种。甲组种在肥沃、湿润的土壤中,乙组种在贫瘠、湿润的土壤中,这两组种子的发芽状况是 （ ）

   A. 甲先萌发　　　B. 乙先萌发　　　C. 同时萌发　　　D. 都不萌发

4. 当一粒种子萌发时,首先进行的是 （ ）

   A. 从周围环境中吸收营养物质

   B. 胚芽发育成茎和叶

   C. 胚轴伸长,发育成茎

   D. 从周围环境中吸收水

5. 俗话说:"春耕不肯忙,秋后脸饿黄。"春天作物播种前要松土,是因为种子萌发需要 （ ）

   A. 一定的水分　　B. 适宜的温度　　C. 适度的光照　　D. 充足的空气

6. 若一个密闭的保温装置中装有正在萌发的种子,每隔一段时间测定其内的温度和氧气含量,并将结果绘制成曲线图。如果横坐标表示时间,纵坐标表示温度和氧气含量,那么下列曲线图中能够正确反映温度(A)和氧气含量(B)随时间变化的是 （ ）

第七章 动 物

学习目标 ▶

- 掌握动物各类群的主要特征及常见动物。
- 掌握各类群常见种类的特点。

主要术语 ▶

无脊椎动物　脊椎动物

请写出本章知识网络图 ▶

现已发现的动物有150万种，无论大小、低级或高级，动物都是由无细胞壁的真核细胞构成的，形态相似且具有同种功能的细胞群体构成了组织，组织进一步联合构成器官，一些器官联系在一起，共同完成某些生理功能，这称之为系统。动物都要摄取现成的有机物供生长发育的需要，能通过调节保持内环境的平衡，对外界的刺激能产生快速的反应。根据它们的身体内是否有由脊椎骨组成的脊柱分为两大类：无脊椎动物和脊椎动物。

第一节　无脊椎动物

无脊椎动物是背侧没有脊柱的动物，它们是动物的原始形式。其种类数占动物总种类数的 95%。无脊椎动物分布于世界各地,现存约 100 万种,包括原生动物、腔肠动物、扁形动物、线形动物、环节动物、软体动物、节肢动物等。

一、腔肠动物门

水中有些像花一样的动物,如海葵、水母、珊瑚等。这些动物都属于腔肠动物,这是一类低等的多细胞动物,其中大多数种类生活在海洋中,只有少数种类生活在淡水里。腔肠动物门分为有刺胞类(水螅纲、钵水母纲、珊瑚纲)和无刺胞类(栉板类或栉水母类)2 个亚门。它们虽然形态各异,却具有共同的结构特征:身体呈辐射对称;身体中央为空心的囊腔和具有含刺细胞的触角;空心囊腔的体壁由内胚层、外胚层和中胶层构成;体内有消化腔,有口无肛门,具有弥散式的神经网。

1. 水母

水母是一种低等的水生无脊椎浮游动物,主要生活在海中,隶属钵水母纲,已知道的约有 200 多种,如海月水母和僧帽水母(图 7-1-2)等。水母的身体中含有 90%～95% 的水分,由内外两胚层组成,两胚层间有一层厚厚的且透明的中胶层。伞盖的周围有很多小触手,可以感知外界环境变化。伞盖下部中间是口,周围也生有触手,可以捕捉食物,并将食物送入口中。水母的运动是利用体内喷水的反作用力前进,就好像一顶圆伞在水中漂游。水母雌雄异体,其繁殖方式如图 7-1-1。

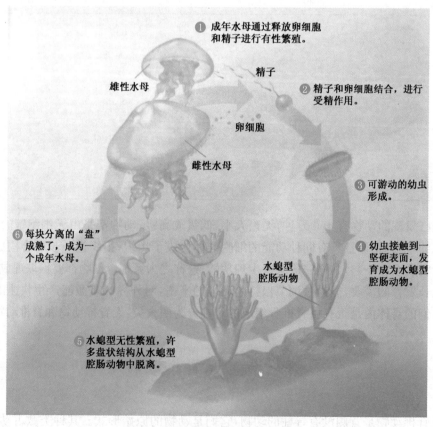

① 成年水母通过释放卵细胞和精子进行有性繁殖。

精子

雄性水母

② 精子和卵细胞结合,进行受精作用。

卵细胞

雌性水母

③ 可游动的幼虫形成。

④ 幼虫接触到一坚硬表面,发育成为水螅型腔肠动物。

水螅型腔肠动物

⑥ 每块分离的"盘"成熟了,成为一个成年水母。

⑤ 水螅型无性繁殖,许多盘状结构从水螅型腔肠动物中脱离。

图 7-1-1　水母的繁殖

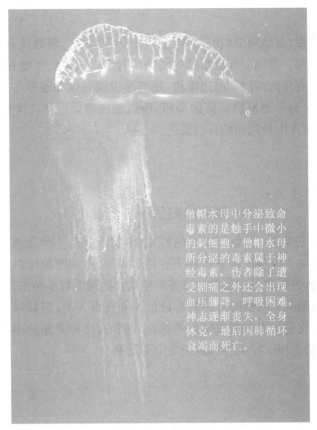

僧帽水母中分泌致命毒素的是触手中微小的刺细胞,僧帽水母所分泌的毒素属于神经毒素,伤者除了遭受剧痛之外还会出现血压骤降,呼吸困难,神志逐渐丧失,全身休克,最后因肺循环衰竭而死亡。

图 7-1-2 僧帽水母

2. 水螅

水螅(图 7-1-3)是水螅纲的动物。水螅喜欢生活在缓流清洁而含氧多的淡水中,它们经常附着在水草上,以水蚤等小动物为食。水螅身体呈圆筒形,能伸缩,遇到刺激时可将身体缩成一团。水螅体壁是由外胚层和内胚层两层细胞构成的,外胚层主要有保护和感觉功能,内胚层主要有营养功能。

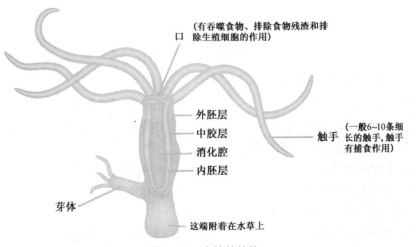

口(有吞噬食物、排除食物残渣和排除生殖细胞的作用)

外胚层
中胶层
消化腔
内胚层

触手(一般6~10条细长的触手,触手有捕食作用)

芽体

这端附着在水草上

图 7-1-3 水螅的结构

3. 珊瑚

珊瑚也叫珊瑚虫,是珊瑚虫纲的动物,生活于热带海洋。珊瑚具有石灰质、角质或革质的内骨骼或外骨骼。珊瑚一词也指这些动物的骨骼。珊瑚虫生殖和繁殖都很快,它们的石灰质的骨骼在海岛的四周和海边堆积,逐渐形成珊瑚礁和珊瑚岛。珊瑚虫是许多鱼类的食物,珊瑚礁又为鱼类提供隐蔽的场所,所以珊瑚礁周围往往生活着形形色色的鱼类,这形成了热带海洋中最瑰丽的自然景色。

小百科

美丽的陷阱——海葵

海葵表面上像是一朵软弱漂亮的鲜花,而实际上是一种靠捕捉水中小动物为食的肉食动物。海葵的体壁和触手有许多刺细胞,刺细胞可以分泌一种毒液麻痹其他动物,进行自卫和摄食。海葵鲜艳动人的触手对小鱼来说,实际上是一种可怕的美丽陷阱。海葵所分泌的毒液虽不能伤害人类,但如果不小心触碰到它们的触手后也会产生刺痛或瘙痒的感觉。同时,这种美丽的小动物是不可食用的,误食则会出现呕吐、发烧、腹痛等中毒现象。

主要术语 ▶

内胚层　外胚层　辐射对称

【请写出腔肠动物门知识网络图】

练习与巩固

1. 腔肠动物的特征不包括 （　　）
   A. 身体辐射对称
   B. 消化腔有口无肛门
   C. 具有弥散式神经网
   D. 体壁由外胚层、中胚层和内胚层构成
2. 水螅的刺细胞分布最多的部位是 （　　）
   A. 水螅的神经网上
   B. 消化腔内
   C. 触手和口的周围
   D. 体壁上
3. 腔肠动物所特有的结构是 （　　）
   A. 身体辐射对称
   B. 具有完全的消化道

  C. 具有刺细胞　　　　　　　　D. 具有链状神经系统
 4. 珊瑚石是珊瑚虫的　　　　　　　　　　　　　　　　　　（　　）
  A. 外骨骼　　　　B. 祖先的化石　　　C. 排泄物　　　D. 分解物
 5. 腔肠动物的身体构成是　　　　　　　　　　　　　　　　（　　）
  A. 由外表皮、肌肉层和内胚层构成　　B. 由外胚层、肌肉层和内胚层构成
  C. 由外胚层、消化腔和内胚层构成　　D. 由外胚层、中胶层和内胚层构成

二、扁形动物门

  扁形动物门一般分为涡虫纲、吸虫纲和绦虫纲。多数扁形动物营寄生生活,如猪肉绦虫、血吸虫。有些营自由生活,如涡虫。扁形动物虽然生活习性和形态各异,却具有共同的结构特征:身体柔软、扁平、左右对称;出现了梯状神经系统,有三个胚层;无呼吸循环系统;消化系统有口无肛门。

> **思考与讨论:**
> 扁形动物具有哪些进化特点?

1. 涡虫

  涡虫属于涡虫纲,生活在溪流浅水处,常以蠕虫、小甲壳类及昆虫幼虫为食。涡虫的体壁由外胚层、中胚层和内胚层三个胚层构成。涡虫有口、咽、肠,并由这些器官组成消化系统,但涡虫没有肛门。涡虫依靠体表进行气体交换。涡虫有梯状的神经系统,能够对刺激进行定向传导,因此它对刺激的反应比腔肠动物灵敏、准确。

  在理想条件下,涡虫具有在被截断后身体部位再生的独特能力,这些部位包括头部和大脑。它们含有成熟干细胞,这些细胞经常分裂,发育成身体缺失的所有类型的细胞。

小百科

真涡虫头部可再生保留以前记忆

  塔夫斯大学研究人员发现,真涡虫再生的头还拥有以前的记忆。真涡虫有两个探测强光的眼点。这些眼点是光感受器。生物学家训练这些蠕虫寻找隐藏在一个照亮培养皿中心的食物,使它们克服对光的恐惧。训练完成后切掉真涡虫的头,两周后再生一个头,这个再生的头还含有和被砍掉的头一样的记忆,能克服对光的恐惧,比没有受过训练的涡虫更快找到食物。《实验生物学杂志》刊登了这项研究。

2. 绦虫

  绦虫属于绦虫纲,营寄生生活,寄生人体的绦虫有30余种,它的成虫寄生在脊椎动物的消化道内。成虫的身体背腹扁平,长如带状,雌雄同体,分为头节、颈节和节片三部分

（如图7-1-4）。头节有小勾和吸盘，可以勾连在小肠壁上，头节的后面是颈部，能不断分裂产生许多节片，节片按生殖器官的成熟情况的不同分成：未成熟节片、成熟节片和妊娠节片三种。妊娠节片常不断脱落，在每个脱落的节片里，大约含有数万个受精卵，因此绦虫有强大的生殖能力。成熟的妊娠节片随人的粪便排出体外，某些脊椎动物吃了含有绦虫卵的食物后，虫卵就在胃里孵化成幼虫，幼虫钻入胃壁或肠壁，进入血管随血液循环进入肌肉组织。由此可见，绦虫的生活史（如图7-1-5）中需要有至少两个寄主。

人如果误食了没有煮熟的含有幼虫的肉（猪肉和牛肉中都有），绦虫的幼虫就进入人体。它在人的小肠内发育成成虫，吸食已经消化的养料，会使人出现营养不良、贫血等症状。人体内的妊娠节片若没有及时排出体外，或不慎误食了含有绦虫卵的食物，绦虫的幼虫就会寄生于人体，其危害性比成虫大得多。若侵入眼部，可引起视力模糊甚至失明；大量寄生于肌肉，可引起痉挛；到达脑部，则出现癫痫，甚至导致死亡。严重影响人体健康。

预防绦虫的方法：首先要搞好饮食卫生，生肉和熟肉分开，肉要充分煮熟后食用，不吃感染幼虫的肉（如米猪肉）。其次要严格管理好粪便，避免人的粪便污染饲料。

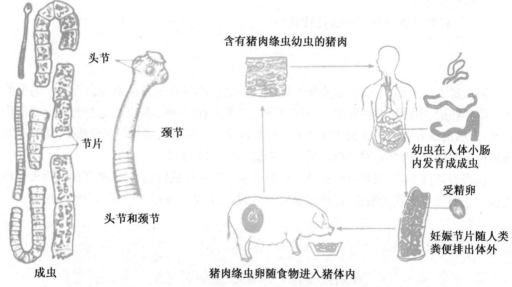

图 7-1-4　猪肉绦虫

图 7-1-5　猪肉绦虫的生活史

3. 血吸虫

血吸虫属吸虫纲，营寄生生活，其中间寄主是钉螺，人和家畜为终寄主。血吸虫的成虫雌雄异体，长 1.5～2 cm，雄虫短粗，乳白色，体侧向腹面卷曲，形成"抱雌沟"把雌虫抱住（如图7-1-6）。雌虫较雄虫细长，暗褐色，前端较细，后端粗圆。雌雄虫的身体都有口吸盘和腹吸盘。

血吸虫的一生经过虫卵、毛蚴、胞蚴、尾蚴、成虫等几个阶段（如图7-1-7）。虫卵从人和家畜的粪便中排出进入水域，在适宜的条件下在水中孵化成毛蚴，毛蚴钻进钉螺体内寄生，一条毛蚴在钉螺体内经无性生殖可繁殖成上万条尾蚴。尾蚴离开钉螺后在浅表的水面下活动，遇到人或家畜的皮肤便侵入体内，随血液循环进入肠壁附近的小血管和肝门静脉,发育成成虫,成虫在人体内的寿命大约在 10～20 年之间。

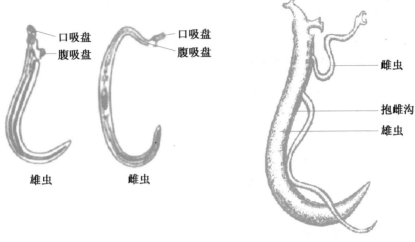

图 7-1-6 血吸虫的形态

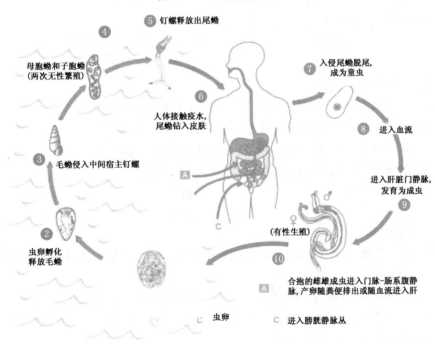

图 7-1-7 血吸虫的生活史

人感染血吸虫,主要由于接触有尾蚴的水,饮水时尾蚴也可经口腔黏膜侵入人体。预防血吸虫病必须做到:查灭钉螺;对粪便进行无害化处理。对疑似有尾蚴的水域进行警示,尽量避免接触;对于疫区每年进行普查普治。

思考与讨论:
为什么寄生虫的生殖能力超级强大?

主要术语 ▶

左右对称　梯状神经系统　中间寄主　终寄主

【请写出扁形动物门知识网络图】

练习与巩固

1. 扁形动物的特征不包括 　　　　　　　　　　　　　　　　　　　（　　）

　　A. 身体左右对称　　B. 梯状神经系统　　C. 有口有肛门　　　D. 有三个胚层

2. 猪肉绦虫的身体分为_____三个部分。 　　　　　　　　　　　（　　）

　　A. 头节、颈节和节片　　　　　　　　　　B. 头节、颈节和成熟节片

　　C. 吸盘、颈部和节片　　　　　　　　　　D. 头节、颈部和妊娠节片

3. 猪肉绦虫的生活史是 　　　　　　　　　　　　　　　　　　　（　　）

　　A. 卵→幼虫(寄生在猪的肌肉里)→成虫(人体的小肠中)

　　B. 卵→幼虫(寄生在猪的小肠里)→成虫(人体的小肠中)

　　C. 卵→幼虫(寄生在猪的小肠里)→成虫(人体的肌肉中)

　　D. 卵→幼虫(寄生在猪的肌肉里)→成虫(人体的肌肉中)

4. 血吸虫的生活史是 　　　　　　　　　　　　　　　　　　　（　　）

　　A. 卵→胞蚴(水中)→毛蚴(钉螺内)→尾蚴(水中)→成虫(人体肠壁小血管和肝门静脉)

　　B. 卵→毛蚴(水中)→尾蚴(钉螺内)→胞蚴(水中)→成虫(人体肠壁小血管和肝门静脉)

　　C. 卵→胞蚴(钉螺内)→毛蚴(水中)→尾蚴(水中)→成虫(小肠)

　　D. 卵→毛蚴(水中)→胞蚴(钉螺内)→尾蚴(水中)→成虫(人体肠壁小血管)

5. 防治猪肉绦虫的措施不包括 　　　　　　　　　　　　　　　　（　　）

　　A. 不吃豆猪肉　　　　　　　　　　　　　B. 不喝生水

　　C. 将粪便做无害化处理　　　　　　　　　D. 将生肉和熟肉分开

6. 防治血吸虫的措施不包括 　　　　　　　　　　　　　　　　　（　　）

　　A. 不吃田螺　　　　　　　　　　　　　　B. 不喝生水

　　C. 将粪便做无害化处理　　　　　　　　　D. 消灭钉螺

三、线形动物门

线形动物门包括生活于淡水水域和潮湿土壤的铁线虫纲和分布于海洋的游线虫纲；

可以分为自由生活的、腐生的和寄生的三大类,寄生在人、家畜和农作物体内的寄生动物为多。线形动物的共同特征是:身体呈细长两头尖的圆管;简单的消化管有口有肛门;原体腔内充满间质;头部开始出现神经节。

1. 蛔虫

蛔虫属于铁线虫纲,是人体最常见的肠道寄生虫之一,它寄生在人的小肠内,靠吸食小肠内半消化的食物生活。感染率高,尤其是儿童。

蛔虫的身体呈圆柱形,两端较细,活的虫体乳白色,有时略带红色。雌虫体长 20～25 cm,尾端尖直。雄虫略短,尾部向腹面卷曲(如图 7-1-8)。蛔虫身体的前端的口周围有三片唇,适于吸附在寄主的肠壁上。体表的角质层能避免人体消化液侵蚀。蛔虫身体的最外面是体壁,体壁内有消化管,由口、食管、肠和肛门组成,适于吸食半消化的食物。蛔虫有发达的生殖器官(如图 7-1-9),雌虫每天可产卵 20 万粒,受精卵随人的粪便排出体外。蛔虫在人体的寿命约为 1 年。

蛔虫卵广泛地分散地面上、土壤里、蔬菜上,在氧气充足、温度和湿度适宜的条件下,受精卵大约经 2 周发育成感染性虫卵。感染性虫卵随食物进入人体,经过发育,最后寄生在小肠里,导致蛔虫病(图 7-1-10)。

图 7-1-8　蛔虫

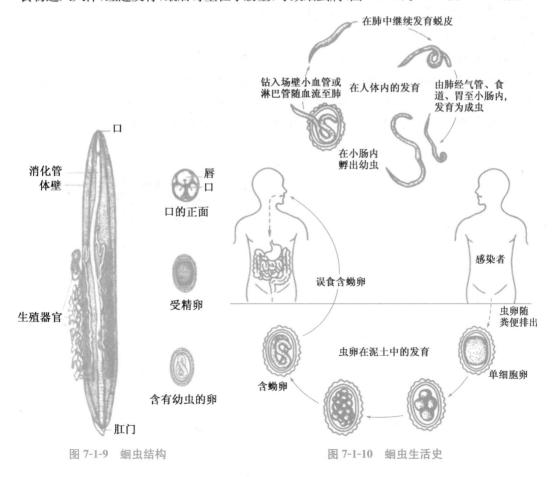

图 7-1-9　蛔虫结构

图 7-1-10　蛔虫生活史

蛔虫的成虫在人的小肠里吸食半消化的食物,严重时造成人营养不良,并且分泌毒素,引起人体精神不安,如失眠、烦躁、夜惊、磨牙等。蛔虫在肠道内寄生,由于机械刺激,常引起肚脐周围阵发性疼痛,当蛔虫的数量多时,还会引起肠梗阻。另外,蛔虫还有钻孔的习性,可钻进胆管和阑尾引起胆道蛔虫病或阑尾炎。有的还会穿破肠壁,引起腹膜炎。

预防蛔虫病,首先必须注意个人卫生。生吃的瓜果、蔬菜一定要洗干净,不喝不清洁的生水,饭前便后要洗手。其次,要管理好粪便。粪便要经发酵处理,杀死虫卵后再做肥料。集体儿童机构可在秋季(9～10月)集体驱虫,因为6～7月最易感染蛔虫卵,9～10月已长为成虫,此时驱虫效果最佳。

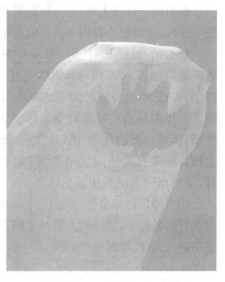

2. 钩虫

钩虫体长约1厘米左右,半透明,肉红色。虫体前端顶端有一发达的口囊,由坚韧的角质构成。十二指肠钩虫的口囊腹侧缘有钩齿2对(如图7-1-11),用于咬破宿主消化道吸食宿主血液,钩虫喜好不停更换吸血的地方。钩虫体内有分泌抗凝素的腺体,抗凝素具有阻止宿主肠壁伤口的血液凝固,有利于钩虫的吸血。

图 7-1-11　钩虫的钩齿

钩虫雌雄异体,每条十二指肠钩虫日平均产卵约为10 000～30 000个。成虫在人体内一般可存活3年左右,虫卵随粪便排出体外,成虫寄生于人体小肠上段,虫卵随粪便排出体外后,在温暖(25～30 ℃)、潮湿、荫蔽、含氧充足的疏松土壤中,经约一周左右,发育为感染期幼虫。幼虫通过接触进入人体,导致人感染钩虫病,其生活史如图7-1-12。

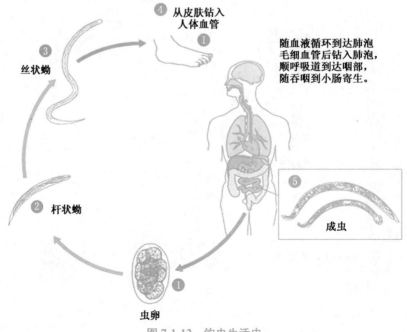

图 7-1-12　钩虫生活史

　　钩虫导致人体严重贫血,消化道溃疡,幼虫还可导致钩虫性哮喘。预防钩虫病要避免粪便污染土壤,避免皮肤直接接触有幼虫的土壤,患者积极配合治疗。

　　3. 蛲虫

　　蛲虫寄生在人的盲肠、结肠或直肠等部位,最容易在儿童之间传播。蛲虫身体较小,雌虫长约 9～12 毫米,雄虫长约 2～5 毫米(如图 7-1-13),虫体乳白色。雌雄虫在人体的肠道内交配后,雄虫很快死亡,最终随粪便排出体外。雌虫在夜间爬到寄主的肛门附近产卵,产卵后也即死亡。虫卵经 6 小时可发育为感染性虫卵,由于雌虫产卵使肛门周围奇痒,刺激患者用手搔抓肛门,易造成重复感染。另外,虫卵也可能在肛门口孵化,幼虫再爬入肛门,到肠道内寄生。蛲虫病在幼儿中的感染率较高,主要是通过手指或衣被上的虫卵感染。预防蛲虫病,应培养小儿的个人卫生习惯,如饭前便后洗手,勤剪指甲,不吮吸手指等;小儿应穿封裆裤睡觉,早晨换下内裤先煮沸消毒再清洗,同时勤换衣服、勤晒被褥。

雄虫

雌虫

图 7-1-13　蛲虫

知识拓展

为什么吃野生动物不安全

　　餐桌上的野生动物近九成源于野外。其生存环境没有经过严格的监控,其健康状态不明,很有可能感染寄生虫及细菌病毒,有些寄生虫和细菌病毒可趁机进入人体,导致人感染疾病。有些野生动物可能食用了有毒的食物或者被毒死的动物,导致身体内累积有毒物质,因此不要吃野生动物。

主要术语 ▶

原体腔　神经节

【请写出线形动物门知识网络图】

练习与巩固

1. 线形动物的特征不包括   （　　）
    A. 身体细长   B. 有梯状神经系统
    C. 有口有肛门   D. 有假体腔

2. 防治蛔虫的措施不包括   （　　）
    A. 不吃生的瓜果、蔬菜   B. 将生肉和熟肉分开
    C. 将粪便做无害化处理   D. 饭前便后洗手

3. 防治蛲虫的措施不包括   （　　）
    A. 勤剪指甲，不吸吮手指   B. 将生肉和熟肉分开
    C. 勤换衣服、勤晒被褥   D. 饭前便后洗手

4. 雌、雄蛔虫在形态上的区别是   （　　）
    A. 雌虫较大，尾端向腹面卷曲
    B. 雄虫较小，尾端尖直
    C. 雌虫较大，尾端尖直；雄虫较小，尾端向腹面卷曲
    D. 颜色不同

5. 蛔虫消化器官不同于猪肉绦虫的特点是   （　　）
    A. 有口无肛门   B. 有大肠和小肠
    C. 有口有肛门   D. 消化道非常长

四、环节动物门

环节动物门分为多毛纲、寡毛纲、蛭纲等，大多生活在海水、淡水和土壤中，少数营寄生生活。常见的环节动物有蚯蚓、水蛭、沙蚕、蚂蟥等。它们虽然生活环境各异，却具有共同的特征：身体由许多环节组成；体壁有三个胚层构成；具有真体腔；多数出现闭管式循环系统；具有链状神经系统。

1. 蚯蚓

蚯蚓是属于寡毛纲的环节动物，在潮湿、疏松且富含有机质的土壤中穴居，喜欢安静的环境，在菜园、耕地、沟、河、塘、垃圾堆旁常见，以落叶或者泥土中的有机物为食，昼伏夜行，雨天因缺氧爬到地表面。

实践活动

测试蚯蚓对光的反应

实验目的：了解蚯蚓的习性，提高观察和分析能力

实验材料：塑料滴管　水　纸板　手表或钟　纸巾　手电筒　2条蚯蚓　储藏箱　盘子

实验过程：

1．在盘子的一端放一块干纸巾，另一端放一块湿纸巾。

2．把2条蚯蚓放到盘中，使每条蚯蚓的一半身子在干纸巾上，另一半在湿纸巾上（注意保持蚯蚓身体的湿润）。

3．在盒子上盖一张纸板，5分钟后，撤去纸板，观察蚯蚓是在干纸巾上还是在湿纸巾上，记录下结果并分析。

4．在盘子表面铺上湿纸巾。

5．把蚯蚓放到盘中，用纸板盖住半边解剖盘，然后用手电筒照在另外半边解剖盘上（注意保持蚯蚓身体的湿润）。

6．5分钟后，记录蚯蚓所处的位置，并分析。

分析和结论：

1．观察蚯蚓喜欢生长在哪种环境中，潮湿的还是干燥的？ 明亮的还是阴暗的？

2．分析数据，蚯蚓的活动习性与你的假设相符吗？

蚯蚓的身体是由许多体节组成的，靠近前端的几节颜色较浅而且光滑，叫作环带（如图7-1-14）。蚯蚓体表粗糙不平，长有帮助蚯蚓运动时增加摩擦力的刚毛。蚯蚓的运动是依靠体壁肌肉的伸缩和体表刚毛的配合来完成的。蚯蚓的整个身体由外面管状的体壁和里面的消化管构成，是大管套小管的结构。体壁和消化管之间的空腔是真正的体腔，体腔内有体腔液。

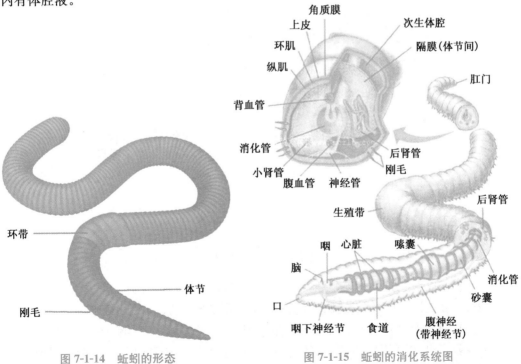

图 7-1-14 蚯蚓的形态　　　　　图 7-1-15 蚯蚓的消化系统图

蚯蚓的消化系统由口、咽、食管、砂囊、胃、肠、盲肠和肛门等组成（如图7-1-15）。蚯蚓没有专门的呼吸器官。空气中的氧气先溶解在体表的黏液里，然后渗进体壁，再进入体壁里面的毛细血管中。而体壁毛细血管中的二氧化碳也由体表排出。蚯蚓的循环系统由心脏和血管组成。主要的大血管有背血管和腹血管，分别位于消化管的背面和腹面。在全身各处有无数的毛细血管。蚯蚓通过肠壁所吸收的养料和从体壁渗进的氧气，都是通过血液循环带到全身各处。而全身各个细胞所产生的二氧化碳也是通过血液循环带到体表排出。

蚯蚓的神经系统是典型的链状神经系统。蚯蚓对刺激的反应不仅灵敏而且准确。蚯蚓是雌雄同体、异体受精的动物，两条蚯蚓在交配时相互交换精子，完成受精作用。

蚯蚓经常在地下钻洞把土壤翻得疏松；蚯蚓可以分解土壤中的有机物和人类产生的有机垃圾，使其变成肥料供植物等利用；蚯蚓可以作为鸡、鸭等家禽的蛋白质饲料和鱼的饵料；蚯蚓还可入药；但蚯蚓可能会伤害幼苗的根毛，损毁堤坝。

2. 水蛭

水蛭生活在沼泽、沟渠和水田中，身体狭长扁平，后端稍阔，有许多体节组成。身体的前后端，各有一个吸盘（如图7-1-16），这是水蛭吸附其他物体的器官。水蛭常吸附在人、家畜和小动物的身上，吸食超过自身体重3～4倍的血液。人的皮肤被水蛭吸血后，伤口常会流血不止，这是因为水蛭的唾液中含有水蛭素。水蛭素是一种抗血凝剂，能够阻止血液凝固。世界上有些国家特别是古代欧洲有用医蛭的吸血习性来给病人放血或者吸除人体的局部淤血的治疗方法。晒干的水蛭体内含有水蛭素，有抗凝固、破瘀血的功效，主治瘀血不通、无名肿毒等症。

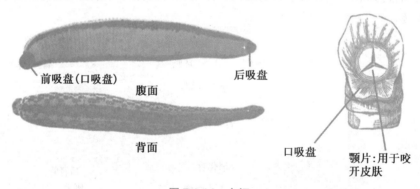

前吸盘（口吸盘）　　后吸盘

腹面

背面

口吸盘

颚片：用于咬开皮肤

图7-1-16　水蛭

小百科

蚯蚓与垃圾处理

在2000年的悉尼奥运会上，160万条蚯蚓为奥运村的垃圾处理立下了汗马功劳。在美国、日本等发达国家，利用蚯蚓处理垃圾的方式早已不新鲜。

目前城市垃圾的主要处理方式是以卫生填埋为主，堆肥和综合处理为辅。但专家指出，以上几种方法，有的占地多，有的投资大，还有的对空气造成污染，都不十分理想。蚯蚓可大量吞食垃圾中的有机物，如饭菜、纸张等。蚯蚓吃垃圾时还会产生无味、无害、高效的多功能生物肥料，可用于花卉栽培及果蔬生产。

主要术语 ▶

真体腔 链状神经系统

【请写出环节动物门知识网络图】

练习与巩固

1. 环节动物的特征不包括 （　）
   A. 身体由许多体节组成 　　　B. 链状神经系统
   C. 身体辐射对称 　　　D. 有真体腔

2. 蚯蚓的呼吸器官是 （　）
   A. 鳃 　　B. 皮肤 　　C. 肺 　　D. 气囊

3. 一条蚯蚓在纸上比在光滑的玻璃板上的运动速度快,这主要与蚯蚓的_____有
关。 （　）
   A. 刚毛 　　B. 肌肉 　　C. 体节 　　D. 黏液

4. 将蚯蚓放到黑盒子里,在盒子一端开个孔,蚯蚓就爬到远离孔的一端,说明蚯蚓
 （　）
   A. 不喜欢通风的环境 　　　B. 喜欢黑暗的环境
   C. 不喜欢嘈杂的环境 　　　D. 不喜欢干燥的环境

5. 你捉到了一些蚯蚓,但明天上实验课时才会用。那么今天晚上你用下列哪种处理
方法能够让蚯蚓存活时间最长 （　）
   A. 将蚯蚓放在装有干木屑的烧杯中,用纱布盖上
   B. 将蚯蚓放在留有少量水的矿泉水瓶中,并拧紧瓶盖
   C. 将蚯蚓放在装有小石子的花盆中,并喷洒大量的水
   D. 将蚯蚓放在装有湿润土壤的烧杯中,用纱布盖上

五、软体动物门

软体动物是动物界中的第二大门,海水、淡水和陆地随处可见。常见的种类有田螺、
蜗牛、河蚌和章鱼等。软体动物身体柔软,由头、足和内脏团三部分组成;有外套膜,常常
分泌有贝壳(或者具有被外套膜包被的内壳)。

> **思考与讨论:**
>   蜗牛的贝壳是怎么形成的？ 它的身体分几部分？ 蜗牛是怎样寻找食物
> 和运动的？

1. 蜗牛

蜗牛属于腹足纲,生活在陆地上,通常栖息在温暖而阴湿的环境中,昼伏夜出,以植物的茎、叶为食。蜗牛有一个螺旋形的贝壳(如图7-1-17),有保护作用。当受到敌害侵扰时,或者环境不适合生存时,蜗牛就会将整个身体藏入贝壳内,分泌黏液形成一层干膜封住壳口进入休眠。当环境温度和湿度适宜时,就会出来活动,寻找食物。贝壳内贴着一层外套膜,贝壳就是外套膜的分泌物形成的。外套膜包裹着柔软的身体。蜗牛身体的柔软部分可以分为头、腹足和内脏团三部分。

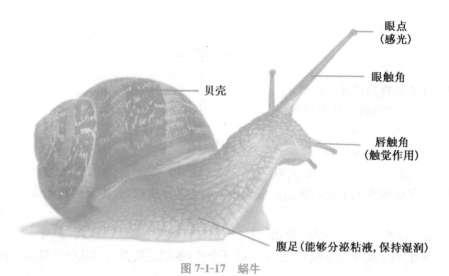

眼点
(感光)

眼触角

唇触角
(触觉作用)

贝壳

腹足(能够分泌粘液,保持湿润)

图 7-1-17 蜗牛

蜗牛头部有两对伸缩自如的触角。短的是唇触角,能够触探土壤和食物,有触觉作用。长的是眼触角,顶端有眼点,能感知光线的明暗。蜗牛的口在头部两个小触角稍微往下的腹面,口里有齿舌,齿舌的前端可以从口中伸出刮取食物。

蜗牛的身体腹面宽大扁平,肌肉发达,称为腹足。蜗牛爬行时将腹足紧贴在附着物上,靠腹足的波状蠕动而缓慢爬行。腹足中有足腺,以免爬行时受到伤害。

实践活动

测量蜗牛的爬行速度

实验目的:观察蜗牛的运动方式,学习观察测量的方法

实验材料:蜗牛　计时器　温度计　三种不同的水温(冷水 10 ℃、温水 20 ℃、热水30 ℃)　尺子　培养皿

实验过程:

1. 绘制一张表,用来记录水温及各种水温下蜗牛的爬行距离。

2. 在其中一张绘图纸上标上"蜗牛",沿着空培养皿的底部在纸上画个圆圈,按图所示把圆进行分割并做上标记;在

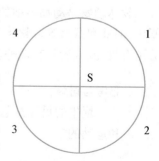

另一张绘图纸上标上"数据",然后再画三个同样大小的圆。

3．先将培养皿放在"蜗牛"页的圆上,在器皿内装满冷水,记录水温。然后将蜗牛放在圆心 S 处的水中。注意:触碰蜗牛的时候,要轻一点。

4．观察蜗牛5分钟后,在"数据"这张纸的第一个圆中画出蜗牛的运动路径,记录蜗牛的爬行过程。

5．测量你所画的线,算出蜗牛的爬行距离。由于蜗牛的爬行路线不会是一条直线,因此你可能要测量线的每一段距离,然后将各段距离相加才能得到结果。将爬行距离记录在数据表中。

6．使用温水和热水重复3～5步骤。

7．根据蜗牛爬行的距离,计算平均值。分析随温度的升高,蜗牛的运动水平发生怎样的变化。

〰〰〰

2．河蚌

河蚌属于瓣鳃纲,生活在江河、湖泊和池沼的水底,以水中的微小生物为食。身体表面有两片贝壳(如图 7-1-18),贝壳有保护作用。在两片贝壳的内面,贴着一层柔软的外套膜,外套膜包裹着河蚌柔软的身体。分泌物形成贝壳,并不断长大。河蚌身体的前端有一个肉质的斧头状的斧足,是河蚌的运动器官,斧足的肌肉收缩可以使河蚌的身体缓慢移动;当河蚌受到惊扰时,斧足就立即缩回,两片贝壳就立即关闭,保护柔软的身体。

河蚌身体的前端生有一个横裂的口,口两旁有一对长满纤毛的触唇。纤毛不停地摆动使流经口旁的微小生物进入口中,再进入胃肠中消化。不能消化的食物残渣,由肛门排出体外。河蚌有两片瓣状的鳃,鳃是河蚌的呼吸器官。

河蚌的外套膜能分泌珍珠质,形成贝壳内面光滑的珍珠层,当外套膜受到沙粒等异物刺激时,会分泌大量的珍珠质把异物包裹起来,日久天长,就形成光彩夺目的珍珠。人们利用河蚌的这一生理特征,通过外套膜插片手术,获得大量人工培育的珍珠。我国是世界上最早大量培育珍珠的国家,早在宋代就发明了人工养珠法。

图 7-1-18　河蚌的结构(去除一片贝壳)

3．章鱼

章鱼属于头足纲(图 7-1-19)。章鱼体呈囊状卵圆形,头上有大的复眼及8条可收缩的腕;每条腕均有两排肉质的吸盘。章鱼平时用腕爬行,有时借腕间膜伸缩来游泳,能有力地握持他物,用头下部的漏斗喷水做快速退游。腕的基部中心有口。章鱼的智力非常发达,有多种躲避天敌、捕捉猎物的方法:章鱼可往外喷射墨汁,还能够改变自身的颜色和体表特征隐藏自身,有的章鱼还可以自断腕足。章鱼爱钻瓶罐等容器栖身,可以利用这个习性捕捉章鱼。

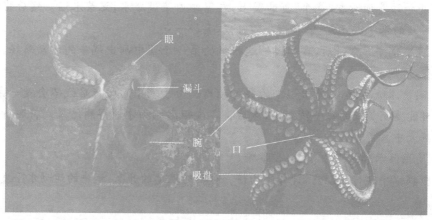

眼

漏斗

腕

口

吸盘

图 7-1-19　章鱼

小百科

乌贼为什么会变色

　　乌贼的体色多变，可以利用体色表达感情。感到恐惧和激动时都会发生变色。到繁殖季节，雌乌贼用五彩缤纷的颜色表达对异性的爱慕。

　　乌贼的皮肤薄而软，内含许多色素细胞。这种细胞扁扁的，像小袋子，里面盛着许多颜色，有黑色、褐色、橙色、红色、棕色，其中黑色素细胞最多。"袋子"具有弹性，并受放射状肌纤维牵引。色素细胞跟大脑的神经末梢相连，大脑发生冲动信号，使肌纤维收缩，色素细胞就被拉成星芒状。冲动一旦消失，肌肉便恢复原来的形状。色素细胞的胀缩使乌贼身上呈现各种各样的颜色。

主要术语

外套膜　贝壳　腹足　斧足　腕足
【请写出软体动物门知识网络图】

练习与巩固

1. 软体动物的特征不包括 （　　）
   A. 身体柔软　　　　　　　　B. 有外套膜
   C. 有贝壳或者内贝壳　　　　D. 运动迟缓

2. 珍珠是在贝类的哪个部位形成的 （　　）
   A. 外套膜　　　B. 贝壳　　　C. 消化道　　　D. 鳃

3. 河蚌外套膜的作用是 （　　）
   A. 保护身体内部柔软的部分　　B. 参与呼吸和形成贝壳
   C. 能使贝壳张开和关闭　　　　D. 保护内部和形成贝壳

4. 能使乌贼快速游泳的器官是 （　　）
   A. 发达的鳍　　　　　　　　B. 众多的腕
   C. 发达的墨囊　　　　　　　D. 发达的外套膜和漏斗

5. 河蚌、蜗牛和乌贼共同具有的特点是 （　　）
   A. 都有贝壳　　B. 都有外套膜　　C. 都用腹足运动　　D. 都用腕足捕食

6. 河蚌是如何完成呼吸作用的? （　　）
   A. 当水流经鳃时,水与鳃中毛细血管进行气体交换
   B. 河蚌总有一部分身体露出水面,便于鳃在空气中进行气体交换
   C. 河蚌肺中的毛细血管与水进行气体交换
   D. 河蚌的肺需要与空气进行气体交换

六、节肢动物门

　　节肢动物门是动物界中最大的一门,无论种类还是数量都非常庞大,现存种类约有120万种,占动物界已知种类的80%。这类动物广泛分布在海洋、河流和陆地,与人类关系十分密切。节肢动物门主要包括昆虫纲、甲壳纲、蛛形纲和多足纲。它们的共同特征:身体由许多体节组成,并且分部;体表有外骨骼;足和触角都分节,多为雌雄异体,一般为卵生,也有的卵胎生。

小百科

外骨骼

　　节肢动物的全身都被防水的外壳所包围,称为外骨骼。它能保护节肢动物内部构造,与内壁所附着的肌肉共同完成各种运动,还能有助于防止体内水分的蒸发。正是因为有了这样的外骨骼,节肢动物才能成为最早在陆地上生活的动物,当节肢动物不断长大时,它的外骨骼却不能随之继续扩大。为了解决这个问题,节肢动物演化出了一种本领,就是生长到一定阶段后蜕去现有的外骨骼,重新长出一副

较大的外骨骼。动物的这种蜕去不合适的外骨骼的现象叫作蜕皮。在蜕皮之后一段时间内，节肢动物的新皮是柔软的，在此期间，它的防御能力相对要弱一些。

1. 甲壳纲

甲壳纲的动物在海洋或淡水生活，极少数在潮湿的陆地上生活。常见的种类有龙虾、螯虾、河蟹、鼠妇和水蚤等。它们的共同特征是：大多生活在水中，身体多数分为头胸部和腹部，头胸部表面包着坚韧的头胸甲；有两对触角；有开放式循环系统；一般用鳃呼吸。

实践活动

观察螯虾

1. 对照课本观察螯虾的身体分几部分？每部分都有哪些器官？身体表面是软的还是硬的？

2. 观察螯虾是怎样游泳的？观察螯虾的取食方式。

最后，把螯虾放入鱼缸中饲养或者放入小河中回归自然。

（1）对虾

对虾生活在浅海海底，是我国温带海洋一年生暖水性大型洄游虾类。对虾的体型较大，雌虾长 18～24 cm，雄虾长 13～17 cm，因此也叫"大虾"。对虾身体分为头胸部和腹部，头胸部披有一块头胸甲（如图 7-1-20），头胸甲的前方有锯齿的剑状突起，叫作额剑。额剑两旁生有 1 对带柄的复眼。对虾的头胸部有 2 对触角。头胸甲的前下方有口器。在头胸甲两侧的里面有叶片状的鳃，是它的呼吸器官。头胸部的腹面有 5 对细长、分节的步足。前 3 对步足末端呈钳状，用来捕捉食物；后 2 对步足的末端呈爪状，适于在海底爬行。对虾的腹部肥厚多肉有 7 个体节，外面同样披着一块甲壳（背甲）。在第 1～5 腹节下方长

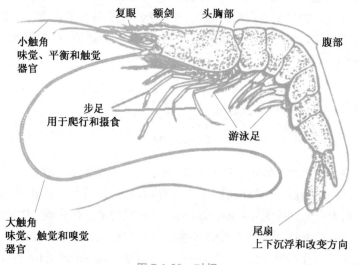

图 7-1-20　对虾

着 5 对片状的游泳足,是对虾的游泳器官。腹部末端的尾节,有一对宽大的尾肢,同尾节合成尾扇。由于头胸甲和背甲都很薄而且透明,因此在我国南方把对虾又叫作"明虾"。

（2）河蟹

河蟹生活在淡水中,在泥岸或泥滩掘穴居住。河蟹白天潜伏在洞穴中,夜间出来捕食鱼、虾、螺、蚌和腐烂的动物尸体,成年后洄游到出海的河口产卵。

河蟹的身体分为头胸部和腹部（如图 7-1-21）。它的头胸部特别发达,是身体的主要部分。河蟹的头胸甲呈圆方形,比较坚硬。头胸部的两侧有 5 对足。第 1 对足特别强大,前端变成螯,密生绒毛,也叫螯足,用来捕食和御敌。其余 4 对侧扁细长,叫作步足,用以爬行。河蟹的腹部退化,呈扁平状,叫蟹脐。蟹脐折贴在头胸部的下面。雌蟹和雄蟹的蟹脐形状不相同,雌性的蟹脐宽圆。

图 7-1-21　河蟹

小百科

虾青素

虾及蟹的外骨骼内含有一种叫作虾青素的色素,这种色素与蛋白质结合后,会因蛋白质的不同而转为黄橙紫绿蓝等不同的颜色,当蛋白质破坏或变性时或蛋白质与色素分离后,颜色即变回其原来的橙红色,虾煮熟、强酸、浓酒精、浓盐水及重金属离子皆可使蛋白质变性,使虾蟹变红。虾青素是类胡萝卜素的一种,为一种较强的天然抗氧化剂。其最主要的功能是清除自由基,提高人体抗衰老能力。

2. 蛛形纲

蛛形纲动物的种类很多,生活方式多样,蛛、蝎、蜱、螨均属此纲,绝大多数是陆生,少数是水生,还有寄生的种类。它们的共同特征是:身体分为头胸部和腹部;有 4 对分节的步足;只有单眼,没有复眼,雌雄异体,卵生或者卵胎生。

（1）园蛛

园蛛的身体分为头胸部和腹部两部分（如图 7-1-22）。园蛛的头胸部有 8 只单眼,没有复眼,有六对附肢。第 1 对是螯肢,螯肢的基部有毒腺,尖端有毒腺孔,与毒腺相通,毒腺分泌的毒液有麻痹昆虫的作用。第 2 对是触肢,触肢有捕食和触觉的作

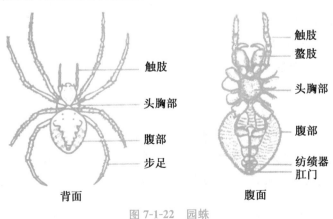

触肢
头胸部
腹部
步足

背面

触肢
螯肢
头胸部
腹部
纺绩器
肛门

腹面

图 7-1-22　园蛛

用。后4对是步足,是园蛛的运动器官。园蛛腹部的末端有3对纺绩器,纺绩器与体内的丝腺相通。丝腺能够分泌透明的液体,由纺绩器上的小孔流出来,遇到空气就凝结成蛛丝;蛛丝不仅有黏性并坚韧。当昆虫不幸落入蛛网中,就会被粘在网上,成为食物。园蛛进食前分泌消化液注入猎物体内溶解猎物,再慢慢吸食。它捕食的大多是害虫,对农业有益。

小百科

园蛛是怎样织网捕食的

园蛛结网时先放出一束丝,随气流飘动,当其游离端粘住另一端,将丝收紧并固定;或先在一端粘住丝,爬到对面黏住收紧并固定。这样就搭好第一个横桥,然后在桥上来回爬几次,用几束丝把桥加固。园蛛从桥中间下垂,拉出一根垂直丝,使"T"字形框架变成"Y"字形,然后从这个中间拉出数根辐射丝。搭好辐射状的框架后,从中心往外一圈一圈织稀疏的丝,这种丝不粘,当框架。再从外往里织较密的螺旋丝,这是粘丝。园蛛织好网后躲在网一角的缝隙或叶片的背面,或将叶卷起来躲在其中。当飞虫落网时发出震动,它才来取食。有的园蛛从网上拉一根信号丝到隐蔽处,以便更好地获得猎物的落网信息。

(2)蝎

蝎也是一种常见的蛛形纲动物。一般栖息在山坡石块下或墙隙、洞穴中,以蜘蛛、蟋蟀、蜈蚣等小动物为食。

蝎的身体也分为头胸部和腹部两部分(如图7-1-23)。头胸部较短,有头胸甲;腹部较长,分节,前几节较宽,后几节较窄,俗称尾部。有6对附肢(第1、2对有螯,后面4对是步足)。尾部末端有尾刺,内通毒腺,是蝎的攻击和防御的武器。毒腺能分泌神经性毒物用以螯杀猎物,人受螯时,疼痛难忍,有的蝎子甚至致命,但蝎可入药。雄性蝎子以"舞蹈"方式求偶,卵胎生。

图7-1-23 蝎

3. 多足纲

多足纲的动物一般都生活在陆地上,常见的种类有蜈蚣、马陆和蚰蜓等。它们的共同特征是:身体分为头部和躯干部;头部有一对触角;躯干部由很多体节组成;除尾端1或2节都无步足外,每个体节上都有1对或2对步足。

(1)蜈蚣

蜈蚣常生活在阴暗潮湿的地方,如石块、朽木、落叶下。蜈蚣昼伏夜出,捕食蚯蚓、昆虫等小动物,是一种有毒腺的掠食性的陆生节肢动物。

蜈蚣的身体扁长,分为头部和躯干部(如图 7-1-24)。头部有一对触角,两组单眼。每组单眼由 4 个单眼组成。蜈蚣的躯干部有 22 个体节,第一、二节常愈合,其余体节一大一小,大小相间,每一体节有一对分节的步足,其中第一对步足特化为毒颚,内有毒腺。蜈蚣肉食

图 7-1-24　蜈蚣

性,以毒颚刺入捕获物体内,注入毒素使之麻痹,再咬破体壁,摄食体内组织器官等柔软部分。末对步足向后延伸,呈尾状。蜈蚣为常用药材,性温,味辛,有毒。

(2) 马陆

马陆植食性,多食腐殖质;性喜阴湿,一般生活在草坪土表、土块、方块下面,或土缝内。其身体分为头部和躯干部,身体呈长圆筒形。头部有一对触角,躯干部有许多体节组成,每个体节都有 1 对或 2 对步足(如图 7-1-25)。马陆受到触碰时,会将身体蜷曲成圆环形,呈"假死状态",间隔一段时间后,复原活动。

图 7-1-25　马陆

4. 昆虫纲

昆虫纲是动物界中最大的纲,已知的种类约有 100 万种,数量更是庞大,所有的生态系统都有分布。

(1) 昆虫纲的特征

昆虫的种类繁多,与人的关系非常密切。昆虫大多数营自由生活,少数营寄生生活。昆虫体型较小,它们都有以下特征:身体分为头、胸、腹三部分;头部有 1 对触角、1 对复眼和 1 个口器;胸部有 3 对足,一般有 2 对翅,发育过程需要蜕皮,并发生形态的变化。

知识拓展

昆虫是真的没心没肺吗

昆虫没有类似于脊椎动物的心脏,但是昆虫有循环系统中提供压力,把血液运行至身体各个部分的脏器。这个就是昆虫的心脏。

昆虫体侧就有一排小呼吸孔,从这些呼吸孔进去,是一个分布全身的气管系统,这个气管系统越来越细,末端直径大概 1 微米,这使得全身的各个部位的细胞附近不远的地方,包括肢翼,都能够找到细小的气管,这样空气从呼吸孔进去之后,就能够通过短程的扩散而直接进入全身各个部位的细胞,进行氧气与二氧化碳的交换。因此昆虫没有肺。

① 昆虫的触角

昆虫的触角主要有嗅觉和触觉的作用。昆虫的种类、性别不同,触角的长短、粗细和形状也各不相同。例如,蟋蟀、螳螂的触角呈细丝状,叫作丝状触角(如图 7-1-26)。蝴蝶的触角呈棒状,叫作棒状触角。

② 昆虫的口器

昆虫的口器由上唇、上颚、舌、下颚和下唇组成。由于各种昆虫的食性和取食方式不同,形态结构有了特化,形成了不同类型的口器(图 7-1-27)。

③ 昆虫的翅

大多数昆虫的胸部有 2 对翅。也有一些昆虫只有 1 对翅,如蚊、蝇。少数昆虫没有翅,如跳蚤、虱子等。不同种类昆虫的翅,在质地和硬度上有很大的变化(图 7-1-28)。

丝状触角

图 7-1-26　蟋蟀的丝状触角

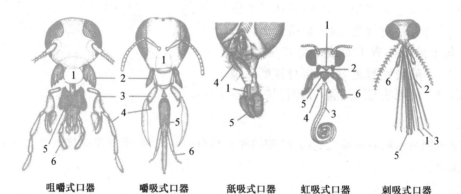

咀嚼式口器
吃固体食物的昆虫　　嚼吸式口器
蜜蜂的口器　　舐吸式口器
苍蝇的口器　　虹吸式口器
蝴蝶的口器　　刺吸式口器
蚊子的口器

1—上唇　2—上颚　3—下颚　4—下颚须　5—舌　6—下唇

图 7-1-27　口器的类型

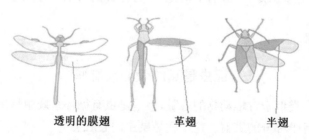

透明的膜翅　　　　革翅　　　　半翅

角质硬而厚
的鞘翅　　　表面覆盖满了
鳞片的鳞翅　　　后翅退化成的平
衡棒(苍蝇)

图 7-1-28　昆虫翅的主要类型

④ 昆虫的足

昆虫的胸部都有前足、中足、后足各 1 对。昆虫的足大多数是用来行走的,但是,不少昆虫由于生活环境和生活习性不同,足发生了相应的特化。按照昆虫足的功能的不同,可以分成几种不同的类型(如图 7-1-29)。

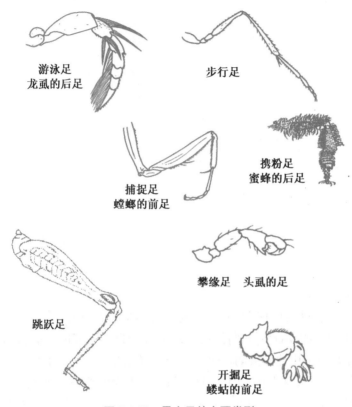

游泳足
龙虱的后足

步行足

捕捉足
螳螂的前足

携粉足
蜜蜂的后足

攀缘足 头虱的足

跳跃足

开掘足
蝼蛄的前足

图 7-1-29 昆虫足的主要类型

⑤ 发育的类型

昆虫身体表面坚硬的部分是外骨骼,外骨骼可以保护和支持身体内部柔软的器官,防止体内水分的蒸发。外骨骼不能随着昆虫身体的生长而生长,因此在昆虫的生长发育过程中有蜕皮的现象。

不完全变态 蝗虫的一生是从受精卵开始,经幼虫期发育为成虫(如图 7-1-30)。像蝗虫这样个体的发育过程经过卵、幼虫和成虫三个时期,这样的发育过程叫作不完全变态。在不完全变态中,如果幼虫与成虫在形态上相似,生活环境及生活方式一样,生殖器官没有发育成熟,翅还停留在翅芽阶段,这一阶段称为若虫。如果幼虫和成虫在形态上有区别,具有临时器官(如直肠鳃或气管鳃)、生活环境不同(幼虫水生,成虫陆生)时,这种幼虫称为稚虫。

完全变态 蝴蝶也是从受精卵开始。由卵孵出的幼虫,经过几次蜕皮长大,最后一次蜕皮化蛹,蛹在茧里发生着巨大的变化,经过一段时间,就羽化为成虫(如图 7-1-30)。幼虫和成虫在生活习性、形态结构和生理功能等方面都发生了显著的变化,而且中间一定要经过一个不食不动的蛹期。像蝴蝶这样个体的发育过程需要经过卵、幼虫、蛹和成虫四个时期，这样的发育过程叫作完全变态。

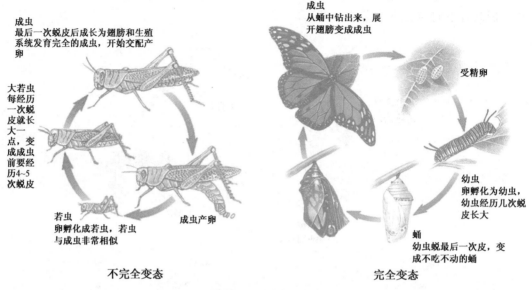

成虫
最后一次蜕皮后成长为翅膀和生殖系统发育完全的成虫，开始交配产卵

大若虫
每经历一次蜕皮就长大一点，变成成虫前要经历4~5次蜕皮

若虫
卵孵化成若虫，若虫与成虫非常相似

成虫产卵

不完全变态

成虫
从蛹中钻出来，展开翅膀变成成虫

受精卵

幼虫
卵孵化为幼虫，幼虫经历几次蜕皮长大

蛹
幼虫蜕最后一次皮，变成不吃不动的蛹

完全变态

图 7-1-30　昆虫的发育

（2）昆虫纲的分类

昆虫学家根据各种昆虫的不同特点，如昆虫触角的类型、口器的结构、翅的有无、翅的特点、足的结构以及昆虫的发育特点，将昆虫分为30多个目。下面介绍常见的几个目的昆虫。

直翅目　是昆虫纲中比较大的一个目。全世界已知有1~2万种。大多数直翅目昆虫生活在植物丛中，以植物为食。因此，这个目中的不少种类是农业害虫。常见的种类除蝗虫外，还有蟋蟀、蝈蝈等。它们的共同特征：丝状触角；有咀嚼式口器；翅2对，前翅革质，狭长，后翅膜质，宽而薄，静止时后翅折叠在前翅下；后足强大，适于跳跃。发育是不完全变态。许多种类的雄性都有发音器。

知识拓展

蟋　蟀

俗称"蛐蛐"，生活在土穴中、砖瓦碎石的下面或杂草中，主要在夜间活动。蟋蟀的身体较小，呈黑褐色，背腹稍微扁平。头部有细长如丝的丝状触角，有咀嚼式口器。胸部有前后翅各一对，后足强大，善于跳跃。雄性蟋蟀的腹部后端有两根尾须，因此俗名叫作"二尾儿"。雌性蟋蟀腹部的末端的两根尾须中间还有一根针状的产卵器，俗名叫作"三尾儿"。雄性蟋蟀会鸣叫，清脆的鸣叫声是由一对前翅相互摩擦而产生的。雄性蟋蟀的鸣叫，是招引雌性蟋蟀前来交配、赶走其他雄性蟋蟀的信号。蟋蟀的听觉器官，位于前足胫节基部的两侧，可以感知同类发出的鸣叫声。

雄性蟋蟀不但善于鸣叫,而且有好斗的习性。它们平时单独生活,只有在交配时期才与雌性蟋蟀居住在一起。但是,雄性蟋蟀绝对不与雄性蟋蟀居住在一起。一旦两只雄性蟋蟀相接近,就会发生一场争斗。雌性蟋蟀与雄性蟋蟀交配以后,将针状的产卵器插入土内,产出许多受精卵。受精卵孵化成若虫,若虫经几次蜕皮后,变成成虫。蟋蟀的发育要经过卵、若虫、成虫三个时期,属于不完全变态发育。蟋蟀的食性很杂,它发达的咀嚼式口器,能将作物的根、茎、叶和果实咬断、咀嚼,危害严重。危害的作物主要有大豆、花生、玉米、蔬菜、麦类、棉等,因此它们是农业害虫。

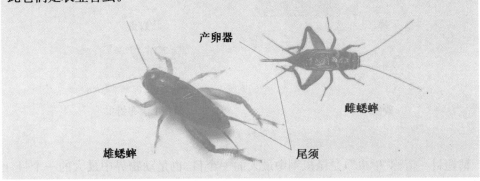

蜻蜓目 主要有蜻蜓和豆娘(图 7-1-31),它们的共同特征是:触角短小,刚毛状;复眼发达;咀嚼式口器;前后翅等长而狭窄,膜质透明;三对足适于攀附;腹部细长。稚虫生活在水中,属于不完全变态。

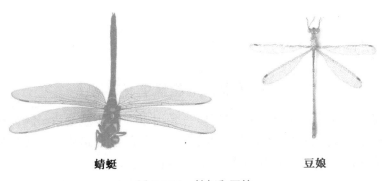

蜻蜓　　　　　　　　　　豆娘

图 7-1-31　蜻蜓和豆娘

同翅目 同翅目昆虫的种类很多,世界上已知有 3～4 万种。大多是陆栖生活,吸食植物汁液,传播植物病害,是农业害虫中较大的一个类群。常见的同翅目昆虫有蝉和蚜虫(图 7-1-32)等,它们的共同特征是:有刺吸式口器;翅 2 对,质地相同,静止时前翅呈屋脊状覆盖在背侧面,有的个体无翅。发育是不完全变态。

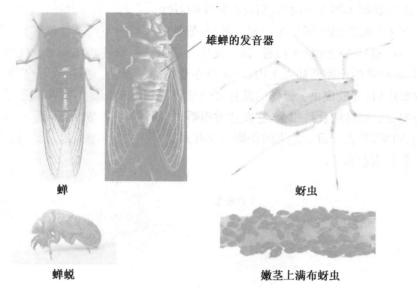

雄蝉的发音器

蝉　　　　　　　　　　　　　　　蚜虫

蝉蜕　　　　　　　　　　　嫩茎上满布蚜虫

图 7-1-32　蝉和蚜虫

鞘翅目　俗称"甲虫",是昆虫纲中最大的一个目,也是动物界中最大的一个目,已经知道的种类有 30 万种以上。鞘翅目昆虫大多数生活在陆地上,以植物作为食物,是农作物和树木的害虫。少数种类以其他害虫为食,属于益虫。常见的鞘翅目昆虫有瓢虫、萤火虫和金龟子等。它们的共同特征:有咀嚼式口器;前翅是鞘翅,坚硬似甲,停息时在背上左右相接成一直线,有保护作用,后翅膜质,用来飞翔,静止时折叠在前翅的下面。发育是完全变态。

知识拓展

有趣的七星瓢虫

1. 捉一只七星瓢虫,用手指轻轻捏一下,手指上马上就会沾一滴黄水,这是它的保护液,气味很难闻,不过对人体无害。七星瓢虫遇到敌人侵袭的时候,就立即分泌这种难闻的黄水,使敌人闻而生畏,仓皇逃走。

2. 七星瓢虫还有伪装本领,当它遇强敌感到危险时,立即从植物上掉落地面,把它那三对细足收缩起来,一动不动,通过装死瞒过敌人。根据七星瓢虫的假死习性,可以用这种方法在野外寻找七星瓢虫。

3. 寻找一个即将羽化的七星瓢虫蛹,用手指突然推它掉下来,吓唬一下,一天以后,七星瓢虫鞘翅逐渐变硬,但是七个斑点始终不会出现,成为一只"无斑点"的七星瓢虫。

鞘翅目的昆虫种类非常多,常见的还有瓢虫、天牛、萤火虫、星天牛、米象、叩头虫、蜣螂、锹甲等。

螳螂目　世界上已知的种类大约有 1 500 多种,我国已知的有 50 多种。螳螂目的昆虫全是肉食性的,能够捕食许多种害虫,因此大都是益虫。常见的螳螂目昆虫有大刀螂、薄翅螳螂、小刀螂和巨斧螳。它们的共同特征是:头部呈三角形;复眼发达;丝状触角;有咀嚼式口器。前胸很长;前足为镰刀形的捕捉足。卵产在卵鞘中。发育是不完全变态。

　　双翅目　世界上已知的种类大约有 85 000 种,我国已知的有 4 000 余种。可见双翅目是一个大目。其中除蚊、蝇、虻、蚋、白蛉等重要的医牧昆虫外,还有麦秆蝇、小麦吸浆虫等重要的农业害虫,以及寄生在许多害虫体内的寄生蝇等益虫。最常见的双翅目昆虫是蝇和蚊。它们的共同特征是:仅有一对前翅,膜质而透明,后翅退化为平衡棒;有刺吸式口器或舔吸式口器。完全变态发育。常见的种类包括蚊子和苍蝇等。

知识拓展

识别常见蚊子的方法

　　按蚊、库蚊和伊蚊在外部形态、停息时的姿态和生活习性上都有不同的特点。现在比较如下:

类型	按蚊(疟蚊)	库蚊(家蚊)	伊蚊(黑斑蚊)
活动	多见于南方	多见于北方	常见于野外
静态	身体与着落面成一角度	身体与着落面平行	身体与着落面平行
翅	大多有黑白斑	无斑点	无斑点,仅前缘脉基端有一白点
体色	大多为灰色	大多为棕黄色	多为黑色且有白斑
叮人时间	大多在夜间活动	大多在夜间活动	大多白天活动

　　鳞翅目昆虫包括蛾类和蝶类,是昆虫纲中的第二大目,世界上已知的鳞翅目昆虫有 14 万种以上,我国有 7 500 多种。绝大多数种类的幼虫是植食性的,因此大多数鳞翅目昆虫是农林害虫,如稻螟虫、棉铃虫、松毛虫、菜粉蝶、玉米螟等。少数是有经济价值的益虫,如家蚕、柞蚕等。常见的鳞翅目昆虫有家蚕、菜粉蝶、凤蝶和蛱蝶等,它们的共同特征是:成虫有虹吸式口器,或者口器退化;成虫的身体和两对翅上都覆盖着细细的鳞片。幼虫通常叫作毛虫,有咀嚼式口器,大多是植食性的。发育属于完全变态。

小百科

蛾类和蝶类的区别

　　蛾类色彩较暗,大多在夜间活动;蝶类色彩美丽鲜艳,大多白天飞舞于花丛中。蛾类的触角呈羽毛状或丝状;蝶类的触角是棒状。蛾类静止时两对翅如屋脊状平置在背上;蝶类常常竖立在背上。蛾类的腹部肥大;蝶类的腹部细长。幼虫老熟后进入蛹期蛾类通常吐丝作茧;蝶类通常不吐丝作茧。

　　膜翅目　膜翅目包括蜂类和蚁类,是昆虫纲中的第三大目,世界上已知的膜翅目昆虫的种类有 12 万多种。膜翅目昆虫的生活习性复杂，有植食性、捕食性和寄生性的。大部分种类对人类有益。常见的膜翅目昆虫有蜜蜂和蚂蚁等。它们的共同特征是：有咀嚼式口器或嚼吸式口器；两对翅全都是膜质，前翅大于后翅；发育是完全变态。

知识拓展

蜜蜂的经济价值

蜜蜂为农作物、果树、蔬菜、牧草、油茶作物和中药植物传粉。

蜂蜜：是一种甜味剂也是营养丰富的天然滋养食品。其含有多种无机盐和维生素、铁、钙、铜、锰、钾、磷等多种有机酸和有益人体健康的微量元素。

蜂王浆：是高级营养品，不但可增强体质，延长寿命，还可治疗神经衰弱、贫血、胃溃疡等慢性病。

蜂花粉：被人们誉为"微型营养库"，干燥后颜色深浅不一，可以直接食用或泡入冷水中当饮料。

蜂蜡：是轻工业的原料。

蜂胶：是保健品，其性平，味苦、辛、微甘，有润肤生肌、消炎止痛的功效，可治疗胃溃疡、口腔溃疡、烧烫伤、皮肤裂痛等病症，还可以防辐射。

蜂毒：对风湿、神经炎等均有疗效。以夹子夹住工蜂，用它的尾针钉患者的穴道，让蜂毒进入体内，达到某种治疗效果。

蜜蜂除了向人们提供蜂蜜、蜂王浆、蜂毒、蜂蜡外，更主要的是为各种农作物授粉起增产作用。人类食物的 1/3 直接或间接地依靠昆虫授粉，而这 1/3 之中的 80% 是由蜜蜂完成授粉任务。蜜蜂是各种作物的最理想授粉昆虫，被誉为"农业之翼"。

采集和制作昆虫标本

实验目的：初步学会采集和制作昆虫标本的方法

实验材料： 捕虫网　毒瓶　诱虫灯　采集袋　三角纸包　昆虫针（可用大头针代替）　展翅板　标签　标本盒

实验过程：

一、昆虫标本的采集

1. 采集善飞的昆虫要用捕虫网。在使用捕虫网时，将网口迎面对着飞来的昆虫迎头一网，当昆虫入网，应急速扭转网口，使网底叠到网口上方，遮住网口。然后打开毒瓶盖，把毒瓶伸进网里，对准昆虫，让昆虫落进瓶里，盖好瓶盖，拿出毒瓶。

2. 采集夜间活动的昆虫要用诱虫灯。晚上把诱虫灯放在田间或野外，就能采集到蛾类或其他喜光的昆虫,然后放进毒瓶毒杀。

3. 采集活动迟缓的昆虫,可以用镊子捉住后,放进毒瓶。注意,毒瓶里积存的昆虫不要太多,免得损坏触角、翅、足等。从毒瓶拿出的昆虫可以暂时保存在三角纸包里,纸包的外面要写明采集的地点、时间和采集者的姓名。2天内将纸包中的昆虫制成标本。

二、昆虫干制标本的制作

1. 针插 把已毒死的昆虫用昆虫针或大头针插起来。针插的部位是根据各类昆虫不同的形态特点决定的,既要保持虫体的完整、平稳,又要美观和整齐。鳞翅目昆虫应插在中胸的正中央;膜翅目昆虫应插在胸中央偏右一些;鞘翅目昆虫要插在右面鞘翅的左上角;直翅目昆虫要插在前翅基部上方的右侧。针插时应注意下针的方向一定要和虫体相垂直,针插入虫体以后,上端要留出针长的1/5左右。

2. 展翅 在制作蛾类、蝶类和蜻蜓等标本时,要用展翅板把翅展开。先用针把昆虫固定在展翅板中央的木条上,把翅展开,使前翅的后缘呈水平状与虫体垂直,后翅的前缘与前翅的后缘相接,再将左右四翅对称,然后用纸条压在两对翅上,纸条两端用针固定。将昆虫足的弯曲度、触角的伸展方向逐项加以调整,使其完全与活昆虫具有相同的姿态。放在通风而阳光不直射的地方保存,1～2周虫体完全干燥后取下。

3. 保存 把制作的昆虫标本按类别插放在标本盒里。插放标本要排列整齐匀称,标本的下方要贴上标签,标签上要写明昆虫的名称、采集的地点、采集的时间和采集人的姓名等。标本盒里要放入樟脑,以防虫蛀。

主要术语 ▶

外骨骼 口器 单眼 复眼 完全变态 不完全变态 蜕皮 若虫 稚虫 蛹
【请写出节肢动物门知识网络图】

练习与巩固

1. 节肢动物的特征不包括 (　　)
   A. 身体由许多体节构成,并且分部　　B. 身体分为头、胸和腹部三个部分
   C. 体表有外骨骼　　D. 足和触角都分节

2. 昆虫纲的特征不包括 （　）

  A. 身体分为头、胸和腹部三个部分　　B. 头部有 1 对触角、1 对复眼和 1 个口器

  C. 胸部有 3 对足、一般有 2 对翅　　D. 发育经历卵、幼虫、蛹和成虫 4 个时期

3. 在昆虫纲中，雌性的_____在交配后会将雄虫吃掉。 （　）

  A. 蜜蜂　　　　　B. 蚂蚁　　　　　C. 螳螂　　　　　D. 蜘蛛

4. 苍蝇的足是_____，因此苍蝇能在光滑的玻璃上爬行。 （　）

  A. 贴附足　　　　B. 携粉足　　　　C. 攀缘足　　　　D. 开掘足

5. 蜜蜂过着群体生活，有明确的社会分工，一群蜜蜂由_____组成。 （　）

  A. 蜂王、雄蜂和雌蜂　　　　　　　B. 蜂王、雄蜂和工蜂

  C. 蜂王、雄蜂、兵蜂和雌蜂　　　　D. 蜂王、雄蜂、兵蜂和工蜂

6. 甲壳纲动物的特征不包括 （　）

  A. 身体头胸部和腹部，头胸部有坚韧的头胸甲

  B. 有 2 对触角

  C. 用鳃呼吸

  D. 有 3 对足

7. 蛛形纲动物的特征不包括 （　）

  A. 身体头胸部和腹部　　　　　　　B. 有 2 对触角

  C. 只有单眼没有复眼　　　　　　　D. 有 4 对足

8. 多足纲动物的特征不包括 （　）

  A. 身体头部和躯干部　　　　　　　B. 有 2 对触角

  C. 躯干部有很多体节　　　　　　　D. 每节有 1～2 对足

9. 蜘蛛用_____吐丝。 （　）

  A. 口器　　　　　　　　　　　　　B. 口器下面的吐丝管

  C. 肛门　　　　　　　　　　　　　D. 肛门附近的纺绩器

10. 无脊椎动物神经系统的进化趋势是 （　）

  A. 无神经—神经索—梯状神经索—链状神经索

  B. 梯状神经索—腹神经索—链状神经

  C. 无神经—神经网—梯状神经—链状神经

  D. 梯状神经—神经网—链状神经

七、棘皮动物门

    海边常见的海星、海胆、海参等都属于棘皮动物，棘皮动物门分海星纲、蛇尾纲、海胆纲、海参纲等。棘皮动物从浅海到数千米的深海都有广泛分布，大多底栖，少数浮游生活；自由生活的种类能够缓慢移动。棘皮动物在形态结构与发育上都有一些独特之处，外观差别很大，有星状、球状、圆筒状和花状，成体五放辐射对称，内部器官，包括水管系、神经系、血系和生殖系均为辐射对称，只有消化道除外。骨骼很发达，再生力一般很强。摄食方式为吞食性、滤食性和肉食性。

1. 海参

海参属于海参纲。海参(图 7-1-33)的形态为圆筒状,常见的大型食用海参背面有疣足,腹面有管足。管足沿着身体的 5 个步带排列,或遍布全身,十分密集,海参利用管足在海床上缓缓爬行,利用口周围的触须将食物扫入口中。海参的体壁含有较厚的结缔组织,食用部分主要也是体壁部分,其不但富含氨基酸、维生素和化学元素等人体所需的 50 多种营养成分,还含有多种生物活性物质如酸性黏多糖、皂苷和胶原蛋白等,中医认为其具有补益养生功能。

图 7-1-33　海参

知识拓展

海参的再生能力

海参是防御敌害侵袭的高手。由于海参行动蹒跚,很难阻挡敌害的进攻,一旦遇到敌人,会很快将自己内脏从肛门或体壁裂口处抛向入侵者,自己则乘机躲进洞穴中。抛出去的内脏,在 40 天左右会再出生一副新的来。特别是刺参,再生功能非常显著,如果把它的身体切成几段,放在海水中养殖,不久每一段都能长成完整的参体。

2. 海星

海星(图 7-1-34)属于海星纲,生活于海中,以软体动物及其他棘皮动物为食。口在下边中央。从体盘伸出腕,腕数一般为 5 个。腕内有生殖腺和消化腺。腕下面有开放的步带沟与口相通,沟内具有 4 行或 2 行管足。海星的运动器官是管足,多数末端具吸盘。管足伸缩,吸盘固定,借此在海底爬行。呼吸器官是皮鳃。消化系统简单。胃大,呈囊状,充满整个体盘,并能翻出体外,能吃比口大的食物。雌雄异体。生殖细胞释放到海水中受精。感觉器官简单,腕末端有"眼点"的构造。

图 7-1-34　海星

主要术语

管足 步带沟

【请写出棘皮动物门知识网络图】

练习与巩固

1. 棘皮动物具有辐射对称的体型,是因为 （ ）
   A. 在系统发育上与腔肠动物处于同一水平
   B. 是原始的后口动物
   C. 真体腔极度的退化
   D. 适应固着或不太活动的生活方式的结果
2. 棘皮动物所具有的结构是 （ ）
   A. 疣足　　　　B. 伪足　　　　C. 管足　　　　D. 斧足

第二节　脊椎动物

脊椎动物形态结构彼此悬殊,生活方式千差万别,约5万种,大多数都有由脊椎骨连接组成的脊柱。脊椎动物一般体形左右对称,有明显的头部,具备比较完善的感觉器官、运动器官和高度分化的神经系统。脊椎动物包括鱼类、两栖动物、爬行动物、鸟类和哺乳动物等。

一、鱼纲

鱼纲属于脊索动物门中的脊椎动物亚门。鱼类生活在水中,其形态结构和生理特点与水中生活相适应。

思考与讨论:
　　为什么鱼儿离不开水?鱼类有哪些特征与水中生活相适应?鱼类如何呼吸?怎样运动?

1. 鱼纲的主要特征

（1）终生生活在水中

除了极少数鱼短时间能离开水，鱼终身在水中生活，在地球的各个水域包括冰层下，某些温泉中，都有鱼类生存。

（2）鱼的身体多为纺锤形，身体多数覆盖鳞片（图7-2-1，图7-2-2）

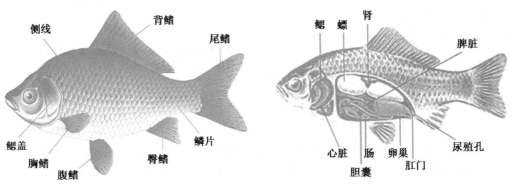

图 7-2-1 鲫鱼外部形态　　　图 7-2-2 鲫鱼内部结构

为了减少游泳时的阻力，鱼一般有纺锤形的身体，也有一些为适应环境具有侧扁形和棍棒形的体型，体表的鳞片和黏液便于游泳时减少水的阻力，保持体内渗透压，并保护自己。

（3）运动系统

鱼的骨骼（图7-2-3）可分为两大部分：中轴骨骼（脊柱、头骨）和附肢骨骼（带骨和鳍骨）。脊柱的出现在动物进化中具有重要意义。鱼的鳍（图7-2-1）有胸鳍和腹鳍各一对为偶鳍，背鳍、尾鳍和臀鳍各一个为奇鳍，有推动身体前进、保持平衡和控制游泳方向的作用，部分鱼利用鱼鳔调节沉浮。

图 7-2-3 鲫鱼的骨骼

（4）神经系统与感觉器官

鱼的神经系统和感觉器官能帮助它们找到食物避开天敌，鱼在水中的视觉、嗅觉、触觉、味觉都非常敏锐。鱼的身体两侧有一种感知水流的感觉器官，穿过鳞片通达外界，排列成行，叫作侧线（图7-2-1）。

（5）呼吸系统

鱼的鳃（图7-2-4）上分布着丰富的毛细血管。当水流经鳃丝时，溶解在水里的氧就渗入毛细血管里，随着血液循环，氧被输送到身体各部分。血液里的二氧化碳渗出毛细血管，排到水中。硬骨鱼和绝大多数软骨鱼都在咽的两侧各有五个鳃裂，软骨鱼类的鳃裂直接开口于体

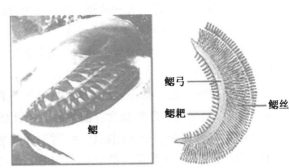

图 7-2-4 鲫鱼的鳃

外,硬骨鱼类则有鳃盖保护。

（6）循环系统

鱼的循环系统（图7-2-5）是一心房一心室,循环路线为单循环,鲫鱼的体温随着外界温度的改变而变化,是变温动物。

因此综上所述,鱼是终生生活在水中,用鳃呼吸,用鳍游泳,心脏一心房、一心室,体温不恒定的脊椎动物。

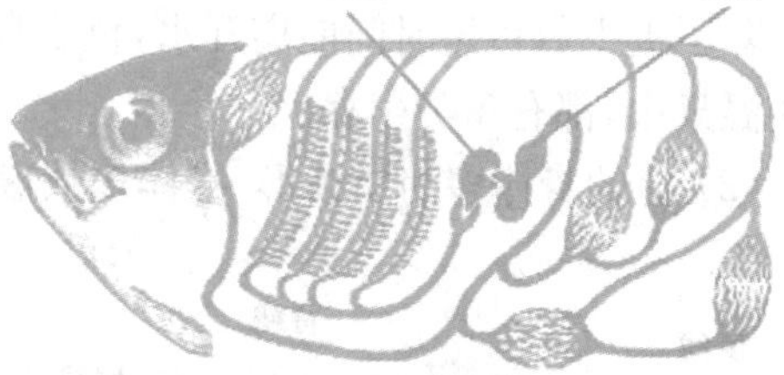

（7）生殖系统

多数鱼类进行体外受精（卵生）,少数卵胎生的鱼,例如鲨鱼等,在体内受精。

心室→鳃→出鳃动脉→背大动脉→鱼体各器管毛细
→各级静脉→大静脉→心房→心室

图7-2-5　鲫鱼血液循环图示

2. 鱼类的多样性

现存脊椎动物亚门中,鱼纲种类最多,有20 000多种左右,其中中国约有2 000多种。根据鱼类骨骼性质的异同,将鱼类分为软骨鱼系和硬骨鱼系两大类。

（1）硬骨鱼类

一般为硬骨,体被硬鳞或骨鳞,少部分无鳞,口位于头的前端,鳃裂不直接开口于体外,具鳃盖骨,鳔常存在,体外受精。

鲫鱼生活在淡水中,食水生植物和水生动物,杂食性。古时称鲫鱼为鲋,南方称喜头,北方俗称鲫瓜子。鲫鱼恋草喜合群,繁殖率高,适应性强。

> **思考与讨论：**
> 探索:如何从外形上区分以下几种淡水鱼？

小百科

四大家鱼

四大家鱼包括青、草、鲢、鳙鱼是我国人工饲养最多的淡水鱼,由于它们生活在不同水层,食物范围不相冲突,可以混合饲养。

青鱼身体上被有较大的圆鳞,体青黑色,鳍灰黑色。常栖息在水的底层,习性不活泼,主要吃小河蚌等底栖动物。

草鱼体长,青黄色,鳍灰色,鳞片边缘黑色。头宽平,无须。栖息在水的中下层和水草多的岸边。主食水草、芦苇等。

鲢鱼又叫白鲢。形态和鳙鱼相似,但体色较淡,银灰色,无斑纹。栖息在水的上层,以海绵状的鳃耙滤食浮游植物。习性活泼,善跳跃。

鳙鱼又叫花鲢。身体侧扁较高,背面暗黑色,有不规则的小黑斑。头大,口中等大,眼在头的下半部。栖息在水的中上层,以细密的鳃耙滤食浮游生物。习性较和缓。

鲤鱼(图 7-2-6)身体侧扁而腹部圆,口呈马蹄形,须 2 对。背鳍和臀鳍均有一根粗壮带锯齿的硬棘。体侧金黄色,尾鳍下叶橙红色。鲤鱼平时多栖息于江河、湖泊、水库、池沼等水草丛生的水体底层,以食底栖动物为主。

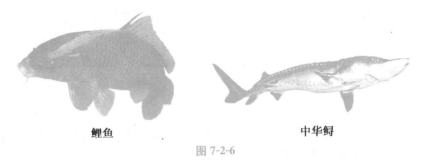

鲤鱼　　　　　　　　　　　　中华鲟

图 7-2-6

中华鲟(图 7-2-6)是国家一级保护动物,最大个体可达 500 千克以上,是长江中最大的鱼,故有"长江鱼王"之称。被世界自然保护联盟(IUCN)列为濒危物种。

中华鲟非常珍贵。它是一种稀有的"活化石",最早出现在 1.5 亿年前的中生代。中华鲟在分类上占有极其重要的地位,是研究鱼类演化的重要参照物。

泥鳅(图 7-2-7)是小型鱼。体圆筒形,后部侧扁,腹部圆;头尖,呈马蹄形;须 5 对;鳞小,埋于皮下,头部无鳞。不能利用鳃呼吸时,将空气吞入消化道,利用肠壁毛细血管进行气体交换。

图 7-2-7　泥鳅

图 7-2-8　鳝鱼

鳝鱼(图 7-2-8)中的黄鳝全长可达 80 厘米,主要分布于东亚和东南亚地区,它们喜欢在水田和河泽里生活。黄鳝会发生性转变,当它们刚出生时为雌性,但后来会身兼两性,最后才会变成雄性。

带鱼(图 7-2-9)身体侧扁,呈带状,尾细长如鞭。口大,牙齿发达而锐利。背鳍长,几乎和背长相等,无腹鳍,鳞退化。全身呈银白色,体长可达 1 米以上。带鱼属凶猛性鱼类,有时还吃自己同类。

海马身长 5～30 厘米。头部弯曲与体近直角呈现马头状,吻呈长管状,口小,背鳍一个,均为鳍条组成。眼可以各自独立活动。雄海马的腹部长有育子囊。交配期间,雌海马把卵子释放到育子囊里。雄海马会一直把受精卵放在育子囊里,直到它们发育成形,才把它们释放到海水里。

图 7-2-9　带鱼

图 7-2-10　鲸鲨

（2）软骨鱼类

骨骼完全由软骨构成，体常被盾鳞；口在腹面；鳃孔一般 5 对，分别开口于体外，无鳔；雄鱼腹鳍里侧鳍脚为交配器，体内受精，卵生或卵胎生。

鲸鲨（图 7-2-10）体长可达 20 米，体重可达 20 吨，是世界上现存的最大的鱼类。它的肝油可做机器油或制肥皂，皮可制革，肉、骨和内脏可制鱼粉。

大白鲨（图 7-2-11）又称噬人鲨，身长可达 6.5 米，体重 3 200 公斤，尾呈新月形，牙大且有锯齿缘，呈三角形。大白鲨分布于各大洋热带及温带区，它们最喜捕食海豹、海狮，偶尔也会吃海豚、鲸鱼尸体，是大型进攻性鲨鱼，属于海洋食物链最高级消费者。

图 7-2-11　大白鲨

图 7-2-12　魟

魟（图 7-2-12）的自卫武器是尾部的一条针刺，能分泌毒汁的细小毒腺大量分布在针刺周围，如果冒犯了它，它就会迅速用针刺和毒汁令"冒犯者"流血不止、疼痛难忍。

主要术语 ▶

侧线　偶鳍　奇鳍　鳃　变温动物

【请写出鱼纲知识网络图】

练习与巩固

1. 鱼纲动物的特征不包括 （ ）
   A. 终生生活在水中　　　　　B. 用鳍游泳,用侧线感知水流
   C. 用鳃呼吸　　　　　　　　D. 都是卵生

2. 鲫鱼的形态结构适于在水中生活,在下列特点中,与减少游泳时的阻力无关的是 （ ）
   A. 身体呈纺锤形　　　　　　B. 躯干部和尾部覆盖有圆形鳞片
   C. 体表富有黏液　　　　　　D. 身体两侧有侧线

3. 下列对鱼的侧线的描述中不正确的是 （ ）
   A. 能感知水流和测定方向
   B. 是鱼的感觉器官
   C. 如果毁坏了侧线,鱼就游不动了
   D. 当水流方向改变时,鱼通过侧线觉察,并使身体做出调整,以适应变化了的水流

4. 鱼离不开水的主要原因是 （ ）
   A. 鱼离开了水就不能游泳
   B. 缺少水分会使鱼体表干燥
   C. 鱼要不断喝水和吐水
   D. 缺少水分会使鱼鳃丝粘连,不能进行气体交换

5. 小孙同学家养了五条漂亮的金鱼。在观察金鱼时,他注意到金鱼的口在水中有节奏地张开、闭合,鳃盖也一张一合的,这是怎么回事呢? 请你帮小孙同学解释,鱼不停地用口吞水,再从鳃孔排水的意义是 （ ）
   A. 进行呼吸　　　　　　　　B. 排出废物
   C. 交换体内外的水分　　　　D. 摄取食物

6. 鱼的体内有鱼鳔,是囊状结构,能充气,它的作用主要是 （ ）
   A. 气体交换的场所　　　　　B. 缓冲水的压力
   C. 改变充气量,调节身体比重　D. 改变体积大小,调节身体重量

二、两栖纲

在脊椎动物中,两栖动物是最早由水生向陆生进化的类群。除了无法登陆或者极其干旱的地方,两栖动物广泛分布在地球上。它们既保留了水生祖先的一些特征,也进化出陆地脊椎动物的许多特征。两栖纲分为无足目、有尾目和无尾目。

1. 两栖纲的主要特征

（1）呼吸系统

两栖动物用肺呼吸,其囊状肺的表面积小,气体交换能力差,依靠它得到的氧气不足。两栖动物的皮肤布满黏液腺,表皮下毛细血管丰富,在湿润状态下使外界空气中的氧与皮

肤微血管血液中的二氧化碳进行交换,以补充肺呼吸量的不足。

（2）循环系统

两栖动物的循环系统(图 7-2-13)发生了较大的变化,心脏有两心房一心室,心室中动脉血和静脉血混在一起,血液循环是不完全的双循环,血液输送氧气效率较低,身体产生热量能力较差,皮肤裸露,身体表面没有保温结构,因此是变温动物。

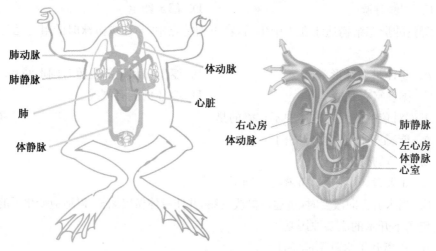

肺动脉
肺静脉
肺
体静脉
体动脉
心脏

右心房
体动脉
肺静脉
左心房
体静脉
心室

图 7-2-13　青蛙的血液循环

（3）消化系统

两栖动物的成体一般以动物为食,其消化系统(图 7-2-14)包括消化管和消化腺两部

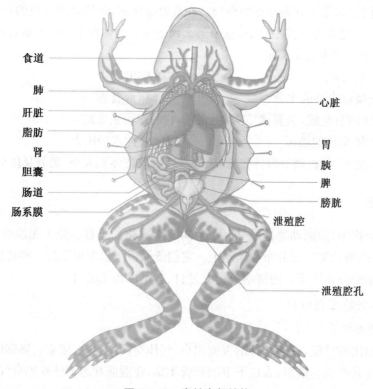

食道
肺
肝脏
脂肪
肾
胆囊
肠道
肠系膜

心脏
胃
胰
脾
膀胱
泄殖腔
泄殖腔孔

图 7-2-14　青蛙内部结构

分。消化管包括口腔、咽、食管、胃、肠、泄殖腔等。陆生动物存在干燥食物难以吞咽的困难,因此两栖动物具备肌肉质舌和分泌黏液的唾液腺。

(4) 生殖与发育

两栖动物在体外完成受精过程。幼体在水中生长发育,幼体在发育过程中经过变态(图图 7-2-15),因此成体的身体结构功能与幼体大不相同。

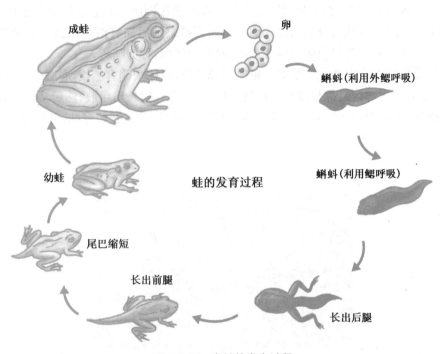

图 7-2-15　青蛙的发育过程

综上所述,两栖动物皮肤裸露,能分泌黏液,幼体水生,用鳃呼吸。变态后的成体,生活在陆地上或水中,主要用肺呼吸,皮肤辅助呼吸,心脏具有两心房一心室,血液循环为不完全的双循环的变温脊椎动物。

感受蹼的作用

1. 在一个水槽或水桶中装满水。
2. 张开五指,将手伸到水中,注意只将手指浸没在水中,然后在水中来回摆动。
3. 将手伸出水面,然后擦干。在手上套个小塑料袋,在手腕处用橡皮筋绑住。
4. 重复步骤 2,注意你的手指摆动对水的推动方式有何不同之处。

建立模型,用上述模型说明青蛙的蹼是如何帮助其在水中运动的。

2. 两栖动物常见的种类

（1）青蛙

青蛙属于无尾目，其生活在水田、河流、沟渠和池塘的水边，主要以昆虫为食。到了冬季气温降低的时候，青蛙的体温也随着降低，这时青蛙就潜伏在淤泥里，不食不动，呈睡眠状态，这种现象叫冬眠。

青蛙身体可分为头、躯干和四肢三部分。青蛙前肢四趾，后肢五趾，趾间有蹼。青蛙头部扁平，三角形，口宽大，横裂，眼大而突出。青蛙眼睛后面有两个略微鼓着的耳膜，雄蛙口角内后方各有一浅褐色膜为声囊，鸣叫时鼓成泡状，称为鸣囊。

青蛙受精卵在水中孵化成蝌蚪。蝌蚪用鳃呼吸，身体两侧有侧线，心脏是一心房一心室，外部形态和内部构造都很像鱼。经过生长发育，先开始长出后肢，然后又长出前肢；尾部逐渐缩短；内鳃消失，肺形成；心脏变为二心房一心室；幼体开始登陆，逐渐发育为成体（图7-2-15）。

2. 大鲵

图7-2-16　大鲵

大鲵（图7-2-16）是有尾目的代表，现存两栖动物中体形最大的种类，体长可达1.8～2.0米，重达20～25千克。在繁殖季节，常发出鸣叫，其声如婴儿哭啼，故有"娃娃鱼"之称。大鲵的头大，表面有明显疣粒，嘴也大，眼睛和鼻孔却很小；尾侧扁；皮肤润湿而光滑，一般为棕褐色；全身无鳞片；四条腿又短又胖。6～8月份为繁殖季节，卵产于溪流中的石头上，体外受精，21天左右自然孵成。幼体生长缓慢。大鲵属于国家二级保护动物。

小百科

用手摸蟾蜍会中毒吗

蟾蜍俗称癞蛤蟆。其皮肤粗糙，背面长满了大大小小的疙瘩，还有一对大一些的是位于头侧鼓膜上方的耳后腺，这些腺体分泌的白色毒液，是制作蟾酥的原料。中药蟾酥，以毒攻毒，可以治疗心力衰竭、口腔炎、咽喉炎、咽喉肿痛、皮肤癌等。蟾蜍皮肤上的毒液只有进入人体体液才会导致中毒，如果用没有外伤的手触碰蟾蜍不会中毒。

主要术语 ▶

变态发育　鸣囊

【请写出两栖纲动物知识网络图】

练习与巩固

1. 两栖纲动物的特征不包括 （ ）
   A. 成体用肺呼吸,皮肤辅助呼吸　　　B. 幼体生活于水中,用鳃呼吸
   C. 心脏一心房一心室,双循环　　　　D. 皮肤裸露有黏液

2. 青蛙皮肤裸露而湿润的意义是 （ ）
   A. 保护体内水分不散失　　　　　　　B. 有利于体表和外界进行气体交换
   C. 减少游泳时的阻力　　　　　　　　D. 适应水中生活,运动灵活

3. 青蛙体温不恒定的根本原因是 （ ）
   A. 体表没有鳞片,散热较快
   B. 经常生活在水中,难以保持恒温
   C. 心室有混合血,输氧的能力比较低
   D. 体型软小,难以保持体热

4. 下列有关蝌蚪形态结构特征的描述中,错误的是 （ ）
   A. 蝌蚪要经常浮向水面用肺呼吸
   B. 蝌蚪有一个时期,心脏为一心房一心室,只有一条循环路线
   C. 蝌蚪的形态、结构都很像鱼
   D. 蝌蚪后期会长出四肢

5. 青蛙的心脏的特征是 （ ）
   A. 由一心房和一心室组成
   B. 由二心房和一心室组成,心室里有混合血
   C. 由二心室和一心房组成,心房里有混合血
   D. 由二心房和二心室组成,动脉血和静脉血分开

三、爬行纲

爬行动物的身体构造和生理机能比两栖类更能适应陆地生活环境。大多数爬行动物生活在温暖的地方,因为它们需要取暖提升体温。多数爬行动物栖居在陆地上,也有部分生活在水里,如龟、鳖、鳄鱼等。爬行纲主要分为龟鳖目、鳄目和有鳞目三个目。

（一）爬行纲的主要特征

1. 外部形态

爬行动物的身体可明显地分为头、颈、躯干和尾部，蛇目则体形细长，没有四肢。爬行动物的颈部较发达，可以灵活转动，捕食能力及头部感知能力更强。前后肢均为五指（趾），末端具爪，善于攀爬、疾驰和挖掘活动。爬行动物的皮肤干燥、粗糙，皮肤表面覆盖角质细鳞，这样的皮肤能减少水分蒸发，利于在陆地上生活。

2. 爬行动物的呼吸系统

爬行动物的肺泡数目很多，因此能比较好地完成气体交换，满足整个身体对氧气的需要，一般不需要其他器官辅助呼吸，因此皮肤不必保持湿润，适于生活在比较干燥的环境。

3. 爬行动物的循环系统（图 7-2-17）

心脏有二心房一心室，心室里出现了一个不完全的隔膜，几乎把心室隔成两个腔，心脏里流动的动脉血和静脉血基本分开，但不完善，所以爬行动物仍是变温动物，有冬眠的习性。

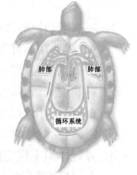

4. 爬行动物的神经系统与感觉器官

爬行动物比两栖动物的脑部发达。爬行动物的感觉器官进一步适应陆地生活。除了少数物种，例如蛇缺乏外耳，但仍具有中耳与内耳。

图 7-2-17　爬行动物循环系统

5. 爬行动物的生殖发育

爬行动物为体内受精。受精完全摆脱了水的限制，受精卵较大，卵内含的养料多，外面有坚韧的卵壳保护。这些说明爬行动物是真正的陆生脊椎动物。

综上所述，爬行动物体表覆盖着角质的鳞片或甲；用肺呼吸；心脏有二心房一心室，心室里出现了一个不完全的隔膜；体内受精；卵表面有坚韧的卵壳；是体温不恒定的脊椎动物。

（二）爬行动物常见种类

1. 石龙子

石龙子（图 7-2-18）是 1 000 多种蜥蜴的统称。其体呈圆柱形，尾长渐尖；周身被有覆

图 7-2-18　几种石龙子

瓦状排列的角质细鳞。多隐匿地下或穴居；有些种类则树栖或营若干程度的水栖生活。以昆虫和类似昆虫的小型无脊椎动物为食，大型种类则以植物为食。卵生或卵胎生。

知识拓展

壁虎脚底有吸盘吗

壁虎常隐蔽在暗处，晚上出来活动，捕食蚊、蝇、蛾之类的小昆虫。壁虎的每只脚底部长着数百万根极细的刚毛，而每根刚毛末端又有约 400 根至 1 000 根更细的分支。这种精细结构使得刚毛与物体表面分子间的距离非常近，从而产生分子引力，其力量惊人，因此壁虎能在天花板上爬行。

2. 变色龙

变色龙学名叫避役。身体长筒状，两侧扁平，头呈三角形，尾常卷曲。眼凸出，眼帘很厚，呈环形，两眼可独立地转动。变色龙有很长很灵敏的舌，伸出来要超过它的体长。变色龙会根据环境光线、温度及其情绪或者身体状态变色。其植物神经系统控制含有色素颗粒的细胞，扩散或收缩细胞内的色素达到变色的目的。

3. 鳄鱼

扬子鳄是中国特有的，是世界上最小的鳄鱼之一。它既是古老的，又是现存数量非常稀少、世界上濒临灭绝的爬行动物。

图 7-2-19　扬子鳄

鳄鱼（图 7-2-19）是迄今发现活着的最早和最原始的动物之一，是性情凶猛的肉食性动物。世界现存鳄鱼的种类有 20 多种。鳄鱼的上下颚强而有力，尤其咬合力量超强，口内长有许多锥形齿。鳄鱼腿短，有爪，趾间有蹼。尾长且厚重，游泳利用尾巴的摆动和四肢的划动。皮厚带有鳞甲，是非常珍贵的皮革资源。

4. 蛇

蛇是四肢退化的爬行动物的总称，属于爬行纲蛇目。目前全球总共有 3 000 多种蛇类。所有蛇类都是肉食性动物。蛇的身体细长，没有四肢，体表有鳞片；没有外耳孔，故而听力不好；左右下颌骨在前端以弹性韧带相连接，可以吞下比头大的食物；舌伸缩性强，可以舔尝气味。部分有毒，但大多数无毒。蛇是冷血动物，冬季需要冬眠。

表 7-2-1　毒蛇与无毒蛇的区别（见图 7-2-20,7-2-21）

	体色	头部	尾部	毒牙
毒蛇	一般体表花纹比较鲜艳	一般头大颈细,头呈三角形	一般尾短而突然变细	具有毒牙
无毒蛇	一般体表花纹多不明显。	一般头呈钝圆形,颈不细	一般尾部细长	没有毒牙

蟒蛇无毒,是最大的蛇。长可达 6 米,甚至 10 多米。体色黑,有云状斑纹,背面有一条黄褐斑。生活在森林中,以鸟类、鼠类为主食。

眼镜蛇有 20 多种。独居,昼夜均有活动。性情凶猛,遇异常被激怒时,昂起身体前部,并膨大颈部,发出"呼呼"声,借以恐吓敌人。

图 7-2-20　眼镜蛇

图 7-2-21　蟒蛇

知识拓展

蛇咬伤急救

1. 保持冷静,记住蛇的大体特征,放低伤口,使伤口低于心脏。

2. 若是四肢被咬伤,应立即用皮带、鞋带、手帕、布条、毛巾或绳索等,在肢体伤处近心端环形捆扎,松紧以能阻断淋巴和静脉回流为度。每隔 20 分钟放松 1~2 分钟。

3. 立即用盐水、肥皂水、1∶5 000 高锰酸钾溶液、3％过氧化氢等冲洗伤口。如果没有,可用大量清水冲洗。

4. 以齿痕为中心,用利器把伤口切成"十"字,达到有血液、淋巴液流出为宜。若咬伤手足,则用粗针在指、趾间针刺排毒。

5. 用拔火罐、吸乳器等在咬伤局部吸取毒液,如果用嘴吸毒,最好隔着塑料膜。

6. 有条件的话,可用冰块敷在伤口周围和近心端,使血管和淋巴管收缩,延缓蛇毒的吸收。

7. 立即拨打急救电话,迅速送往医院救治。

5. 龟

龟现存 200 多种,多为水栖或半水栖,多数分布在热带或接近热带地区,也有许多见于温带地区。身体分为头、颈、躯干、尾和四肢。其特殊形态构造是宽短的躯体包裹于龟壳内,在躲避时头、尾和四肢都能缩进壳内。龟上下颌均无齿,颌缘被以角质鞘,称为喙。有眼睑及瞬膜。听觉不敏锐,触觉及嗅觉较发达,肺呼吸。部分品种的龟类寿命很长。

主要术语 ▶

冬眠　毒芽

【请写出爬行纲动物知识网络图】

练习与巩固

1. 爬行纲动物的特征不包括 （　）
   A. 体表有鳞片和黏液　　　　　B. 心脏两心房一心室,双循环
   C. 用肺呼吸　　　　　　　　　D. 卵表面有卵壳保护

2. 关于蛇叙述正确的是 （　）
   A. 蛇可以吞下比它的头还要大的食物
   B. 毒蛇的头都是三角形的
   C. 如果被毒蛇咬伤,要用嘴将毒液吸出来
   D. 蛇不停地吐舌头是在散热

3. 蜥蜴的皮肤干燥又粗糙,表面覆盖着角质鳞片,这样的皮肤有利于 （　）
   A. 爬行　　　　　　　　　　　B. 吸收营养
   C. 辅助呼吸　　　　　　　　　D. 减少体内水分的蒸发

4. 爬行动物与两栖动物相比,其意义是 （　）
   A. 真正适应陆地环境的生活
   B. 个体的身体高大
   C. 既能生活在水中,又能生活在陆地上
   D. 种类多,种群大

5. 蛇的体表覆盖着角质的鳞片，这有利于 （ ）
   A. 自由运动　　　　　　　　B. 皮肤呼吸
   C. 适应水中的生活　　　　　D. 减少水分的散失

四、鸟纲

鸟纲的种类繁多，全世界已发现的超过 10 000 种，分布范围广，与人类的关系密切。多数能飞行，身体从外形到内部结构和生理，都有许多适应飞翔的特点。

（一）鸟纲的主要特征

1. 外部形态

鸟类身体呈纺锤形，体外被覆羽毛，具有流线型的外廓，从而减少了飞行中的阻力。头端有角质的喙，是啄食器官。颈部较长且灵活，能自由转动，可加大视野，帮助喙完成取食、梳理羽毛及筑巢等任务。前肢特化成翼，后肢一般四趾。

鸟类的皮肤薄、松而干燥，除尾部有尾脂腺外无其他腺体。皮肤外的羽毛（图 7-2-22）是鸟类特有的体表覆盖物。羽毛分正羽、绒羽、半绒羽和纤羽等几种。正羽是大型羽，由羽轴和羽片组成，羽片又由许多羽枝和羽小枝组成。绒羽在正羽下，呈棉花状。

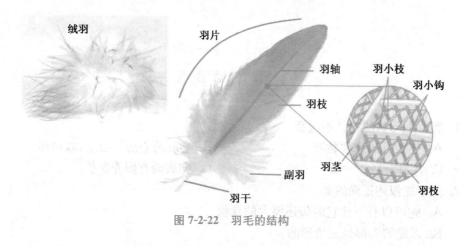

图 7-2-22　羽毛的结构

2. 运动系统

鸟的骨骼（图 7-2-23）轻而坚固，骨腔大多没有骨髓，充有空气，很多骨有愈合现象，如头骨、愈合荐椎（由腰椎、荐椎和一部分胸椎、尾椎愈合而成），这样既可减轻身体的重量，又能加强坚固性。胸骨上有发达的龙骨突起，可附着强大的胸肌，用来牵动两翼飞翔。

3. 呼吸系统

鸟类的呼吸系统表现在具有发达的气囊，与肺、气管相通连。气囊（图 7-2-24）广布于内脏、骨腔以及某些肌肉之间。鸟飞翔时翅膀上举，空气引入肺部，一部分气体在肺部交换，大部分气体进入气囊贮藏。当翅膀下降时气囊收缩，将气体压回肺部，再一次进行气体交换，然后将废气排出体外。这种在吸气和呼气时肺部都进行气体交换的现象，叫双重

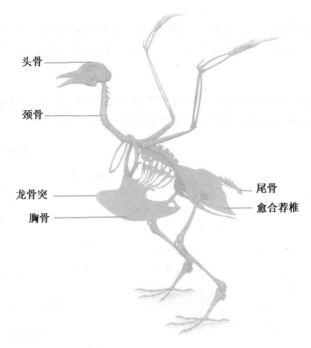

图 7-2-23　鸟的骨骼

呼吸。双重呼吸能保证鸟类在急速飞行时供给充足的氧气。气囊除有辅助呼吸的作用外，还有减轻身体的比重、增加浮力、减少内脏器官间的摩擦和散热的作用。

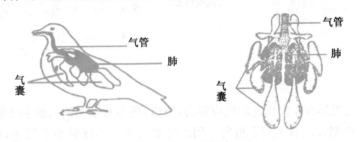

图 7-2-24　鸟的气囊

4. 消化系统

　　鸟的消化系统（图 7-2-25）由口腔、食道、嗉囊、胃（腺胃和肌胃）、小肠、大肠、泄殖腔、肝脏和胰脏等消化器官组成。鸟类的口腔中没有牙齿，食物不经咀嚼就进入嗉囊，嗉囊用以储藏和软化食物，肌胃中有沙砾帮助磨碎食物，鸟类的直肠极短，不贮存粪便，有利于减轻体重。鸟类消化力强、消化过程十分迅速，这是鸟类活动性强、新陈代谢旺盛的物质基础。

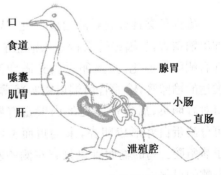

图 7-2-25　家鸽消化系统

5. 循环系统

鸟类的心脏已隔成完整的四室，心室里的动脉血和静脉血全部分开，构成完全的双循环（图7-2-26）。鸟类的心脏相对较大，心率高，血流快，因此代谢旺盛，体温高而恒定。

6. 排泄系统

鸟的一对肾脏贴附于体腔背壁。输尿管沿体腔腹面下行，通入泄殖腔。鸟类不具膀胱，所产的尿连同粪便随时排出体外，这也是减轻体重的一种适应。

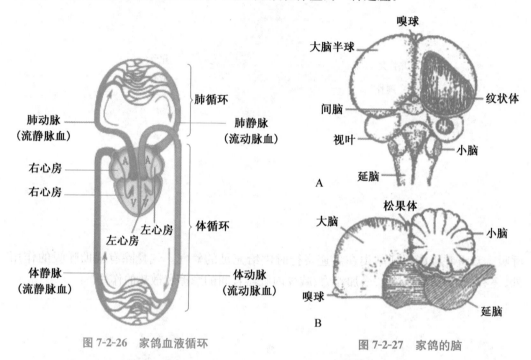

图7-2-26　家鸽血液循环

图7-2-27　家鸽的脑

7. 神经系统和感觉器官

飞行要求鸟类具有非常快速的反应能力，所以，鸟类有发达的大脑和小脑（图7-2-27）。发达的小脑对控制和调节飞翔有重要作用。鸟类的听觉和视觉非常发达，有的种类有超远的视觉距离和超强的夜视能力。

8. 生殖系统

雄性鸟类具有成对的白色睾丸，从睾丸伸出输精管，与输尿管平行进入泄殖腔。雌性右侧卵巢退化，左侧卵巢内充满卵泡，有发达的输卵管，输卵管前端以喇叭状薄膜开口对着卵巢，后方弯曲处的内壁富有腺体，可分泌蛋白并形成卵壳，末端短而宽，开口于泄殖腔。鸟的输卵管也只有左侧的发育，右侧的退化。

鸟卵（图7-2-28）的构造包括卵黄、卵白

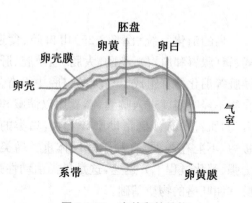

图7-2-28　家鸽卵的结构

和卵壳3个部分。卵黄位于卵的中央,外面为卵黄膜。卵黄上面有一个白点,里面有细胞核,卵黄为胚胎发育提供营养。卵白可分为浓卵白和稀卵白。浓卵白围绕着卵黄,稀卵白靠近卵壳。卵黄两端有由浓卵白构成的系带,起到固定卵黄的作用。卵壳的外层为碳酸钙构成的硬壳。硬壳内有2层软壳,叫作卵壳膜,2层卵壳膜之间有气室,在卵的钝端。硬壳外面有一层胶质状护壳膜。新产下的卵,胶质护膜封闭壳上气孔,随着卵的存放或孵化,胶质护膜逐渐脱掉,空气进入,水蒸气或胚胎呼吸产生的二氧化碳向外排出。

9. 生活习性

有些鸟类在不同季节更换栖息地区,在营巢地和越冬地之间季节性往返,这种季节性现象称为迁徙。鸟类因迁徙习性的不同,可分为留鸟、夏候鸟、冬候鸟等几个类型。鸟类的迁徙通常在春秋两季进行。

鸟类还有复杂的求偶行为,不同的鸟类有不同的求偶方式。不同的鸟类利用不同的材料,以不同的方式筑巢,方便孵卵育雏。

因此综上所述,鸟类是体外被覆羽毛,前肢变为翼,骨中空,内有空气,有喙无齿,心脏两房两室,用肺和气囊进行双重呼吸,体温恒定,卵生的脊椎动物。

(二) 鸟类的多样性

鸟类是脊椎动物中的第二大类群,全世界鸟的种类大约有一万种,我国已知鸟类约有1 200多种。根据鸟类的生活习性和形态结构特点,可以把鸟类分为猛禽、鸣禽、涉禽、游禽、走禽、攀禽、鹑鸡类等生态类群。

1. 猛禽类

猛禽一般体形较大,主要吃肉。其共同特征是喙强大呈钩状,足强大有力,爪锐利而钩曲,翼大善飞,性情凶猛,捕食动物。常见的猛禽包括各种苍鹰(图7-2-29)、秃鹫(图7-2-30)和猫头鹰(图7-2-31)等。

苍鹰是中小型猛禽。胸以下密布灰褐和白相间横纹,尾灰褐。食肉性。视觉敏锐,善于飞翔。白天活动。性情甚机警,亦善隐藏。通常单独活动,叫声尖锐洪亮。

图7-2-29 苍鹰

头部和颈部光秃,只有一点绒羽,相貌丑陋无比,堪称鸟类的"丑星"。秃鹫性情凶残,孤独,生活在高山岩石上,吃动物腐烂的尸体,也捕获中小型动物。

图 7-2-30 秃鹫

长耳鸮耳羽簇长。上体棕黄色。以小鼠、蛇、鸟、鱼、蛙和昆虫为食。对于控制鼠害有积极作用。

图 7-2-31 长耳鸮

2. 鸣禽类

鸣禽约占世界鸟类的 3/5。擅长鸣叫,能做精巧的窝,鸣禽的外形和大小差异较大,鸣声因性别和季节的不同而有差异,繁殖季节的鸣声最为婉转和响亮。其共同特征是足短而细,三趾向前,一趾向后;具有发达的鸣管和鸣肌,善鸣叫与筑造营巢。常见的鸣禽包括喜鹊(图 7-2-32)、画眉(图 7-2-33)、麻雀(图 7-2-34)、乌鸦(图 7-2-35)等。

喜鹊是人类聚居地区常见的留鸟,喜食谷物、昆虫,一般3月筑巢,中国民间将喜鹊作为吉祥的象征。

图 7-2-32　喜鹊

画眉眼圈白色并向后延伸成狭窄的眉纹。栖息于山丘的灌丛和村落附近的灌丛或竹林中,声音十分洪亮,歌声悠扬婉转,非常动听,是有名的笼鸟。

图 7-2-33　画眉

麻雀喉部黑色,白色脸颊上具黑斑,栗色头部。喜群居,种群生命力极强,是中国最常见、分布最广的鸟类。

图 7-2-34　麻雀

乌鸦雌雄同形同色,通体漆黑。叫声单调粗犷。尾长、呈楔状。后颈羽毛柔软松散如发状,羽干不明显。乌鸦是杂食性鸟类,对生活环境不挑剔。

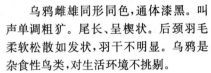

图 7-2-35　乌鸦

3. 涉禽类

涉禽是指那些适应在沼泽和水边生活的鸟类。其共同特征是腿、喙、颈都很长，善于在浅水中行走和啄取食物。常见的有丹顶鹤（图 7-2-36）、白鹭等，濒危珍稀的朱鹮（图 7-2-37）也属于涉禽类。

丹顶鹤除颈部和飞羽后端为黑色外，全身洁白，头顶皮肤裸露，呈鲜红色。丹顶鹤为鸟中最为长寿者，寿命长达五六十年，是鸟类的"老寿星"，为国家一级保护动物。

图 7-2-36　丹顶鹤

朱鹮极为珍稀。1981 年，在陕西省发现了 7 只朱鹮。经过悉心保护，数量大幅增加。朱鹮长喙、凤冠、赤颊，浑身羽毛白中夹红，颈部披有下垂的长柳叶型羽毛。平时栖息在高大的乔木上，觅食时才飞到水田、沼泽地和山区溪流处，以捕捉蝗虫、青蛙、小鱼、田螺和泥鳅等为生。

图 7-2-37　朱鹮

4. 游禽类

游禽是喜欢在水中取食和栖息的鸟类的总称。其共同特征是喙大多宽而扁平；足短，趾间有蹼，善于游泳。常见的种类有人类驯养的鸭和鹅等，还有鸿雁(图 7-2-38)、鸬鹚(图 7-2-39)、鸳鸯(图 7-2-40)和天鹅(图 7-2-41)等。

鸿雁是大型水禽。嘴黑色，体色浅灰褐色，头顶到后颈暗棕褐色，前颈近白色。主要栖息于开阔平原和平原草地上的湖泊、水塘、河流等地区。迁徙飞行时排列极整齐，成"一"字或"人"字形。

鸬鹚是大型的食鱼游禽，善于潜水。嘴锥状，先端具锐钩，适于啄鱼，下喉有小囊。栖息于海滨、湖沼中。中国有 5 种。常被人驯化用以捕鱼，在喉部系环，捕到大鱼吞不进强行吐出。

图 7-2-38 鸿雁

图 7-2-39 鸬鹚

图 7-2-40 鸳鸯

鸳鸯为双双漫游小型游食。全长约 40 厘米。雄鸟羽色艳丽，头后有铜赤、紫、绿等色羽冠；嘴红色，脚黄色。雌的体稍小，羽毛苍褐色，嘴灰黑色。

全身洁白，喙黄，游泳时长颈直伸于水面，体姿优美。天鹅擅长高飞，飞行高度可达 9 千米。

图 7-2-41 天鹅

5. 走禽类

走禽类善于行走或快速奔驰，但不善于飞翔，其特征是翼退化；胸骨上没有龙骨突；动翼肌已退化，翼短小翅膀退化，但脚长而强大，有足趾减少的现象。常见的有非洲鸵鸟（图7-2-42）和鸸鹋等。

非洲鸵鸟是现存最大的鸟。生活在非洲沙漠荒原中，以草、叶、种子、野果、昆虫和软体动物为食物。雄鸟高达2.75米，体重135公斤，雌性稍小。鸵鸟腿长强大，只有两个脚趾，足下有肉垫。

图7-2-42　鸵鸟

6. 攀禽类

攀禽类大多数都生活在树林中。其共同特征是足短而健壮，大多为两趾向前，两趾向后，善于攀缘树木。常见的种类有啄木鸟（图7-2-43）、鹦鹉（图7-2-44）和杜鹃（图7-2-45）等。

啄木鸟嘴强直如凿；舌长而能伸缩，先端有短钩；尾羽坚硬富有弹性，支持身体，三点成一面构成了一个三角形支架，牢牢地立在树干上，啄食害虫，是"森林的医生"。

图7-2-43　啄木鸟

鹦鹉是著名的观赏鸟类,羽毛色彩华丽,喙钩曲坚硬,适于啄食果实。它的足两趾向前,两趾向后,适于攀缘。鹦鹉经过训练,可以模仿人类语言。

杜鹃别名子规、布谷鸟等。杜鹃栖息于植被稠密的地方,胆怯,吃毛虫,是益鸟。有部分杜鹃将自己的蛋产在别的鸟类的巢里,而且一般会比别的鸟类早出生,只要一出生它就把其他的鸟蛋推出鸟巢,并由养父母喂大。

图 7-2-44　鹦鹉　　　　　　图 7-2-45　杜鹃

7. 鹑鸡类

鹑鸡类的共同特征是喙坚硬;腿脚强健,趾端有钝爪适合挖掘觅食;翼短小;善走,不善飞;多数雄鸟有显著的肉冠。常见的种类有鸡、鹌鹑、孔雀(图 7-2-46)、锦鸡等。

孔雀雄鸟羽毛华丽,尤其是尾羽。尾上面覆盖着长过身体两倍的覆羽,一部分覆羽末梢构成宝蓝色的眼斑。雌鸟没有长而美丽的尾羽。繁殖季节,雄孔雀常常在雌孔雀面前展开尾屏,翩翩起舞。孔雀的羽毛珍贵,可制高级工艺品。

雄孔雀

雌孔雀

孔雀开屏

图 7-2-46　孔雀

主要术语 ▶

羽毛　喙　双重呼吸迁徙　留鸟　候鸟

【请写出鸟纲知识网络图】

练习与巩固

1. 鸟纲动物的特征不包括 （　　）
   A. 体表有羽毛
   B. 心脏两心房两心室,双循环,是变温动物
   C. 进行双重呼吸
   D. 骨骼轻,具有发达的胸肌

2. 家鸽在飞行中肺内气体交换的特点是 （　　）
   A. 只在吸气时进行气体交换　　B. 只在呼气时进行气体交换
   C. 吸气和呼气时均进行气体交换　　D. 吸气和呼气时均不进行气体交换

3. 下列关于恒温动物的叙述,不正确的是 （　　）
   A. 恒温动物比变温动物高等
   B. 恒温动物减少对环境的依赖性
   C. 大幅度的温度变化不影响恒温动物的生存
   D. 增强对环境的适应能力,扩大动物的分布范围

4. 家鸽排便频繁的原因是 （　　）
   A. 食量大　　B. 消化功能差
   C. 吸收功能差　　D. 直肠短,不能长时间储存粪便

5. 家鸽体内内脏器官之间分布着大量的气囊,其作用是 （　　）
   A. 进行气体交换,增加进入血液中的氧气和从体内排出的二氧化碳
   B. 可暂时储存氧气,协调肺部呼吸及散发热量
   C. 气囊能存储水分,保证家鸽飞行时对水大量的需要
   D. 气囊扩大或缩小能使家鸽上飞和下飞

6. 家鸽骨骼特点中与减轻体重增加牢固性无关的结构是 （　　）
   A. 部分骨很薄　　B. 有龙骨突
   C. 部分骨愈合　　D. 长骨中空、内充空气

五、哺乳纲

哺乳动物是动物界中功能最完善、进化最高等的动物,分布于世界各地,营陆上、地下、水栖和空中飞翔等多种生活方式。营养方式有草食、肉食和杂食3种类型。

(一)哺乳纲的主要特征

1. 外部形态

哺乳动物的身体一般分为头、颈、躯干、四肢和尾几个部分,但生活于不同环境、营不同生活方式的哺乳类,在形态上有较大改变。水栖种类(如鲸)体呈鱼形,附肢退化呈浆状;飞翔种类(如蝙蝠)前肢特化,具有翼膜;穴居种类体躯粗短,前肢特化如铲状,适应掘土。哺乳类外形最显著的特点是体外被毛,有保温作用。皮肤结构(图7-2-47)致密,表皮角质层发达。真皮层有丰富的血管神经和感觉末梢,因此皮肤具有良好的抗透水性、敏感的感觉功能和控制体温的功能,还能有效地抵抗张力,阻止细菌侵入,有重要的保护作用。

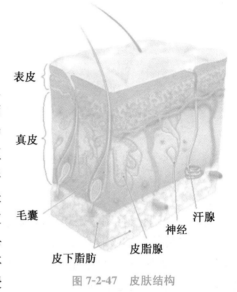

图 7-2-47　皮肤结构

2. 运动系统

哺乳动物的骨骼和肌肉与爬行动物的更加接近,但发达很多。脊柱一般分颈椎、胸椎、腰椎、荐椎和尾椎五个部分。胸椎、肋骨及胸骨构成胸廓(图7-2-48)。四肢一般位于躯干腹面,便于在陆地上快速运动。哺乳动物的体腔中有膈肌,这是哺乳动物所特有的。膈肌把体腔分为胸腔和腹腔,膈肌的收缩和舒张,引起胸腔的扩大和缩小,是呼吸的动力之一。

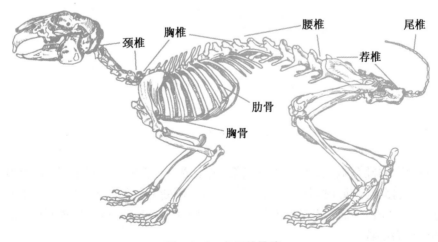

图 7-2-48　兔子的骨骼

3. 消化系统

哺乳动物的消化系统发达,最显著的特点是牙齿有了分化(图 7-2-49)。牙齿分化为门齿、犬齿和臼齿。门齿长在上下颌的中央部分,适于切断食物。犬齿尖锐锋利,适于撕裂肉食。臼齿长在上下颌的两侧,适于磨碎食物。草食动物的门齿、臼齿发达,肉食动物的犬齿发达。

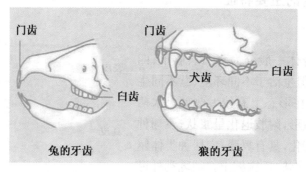

图 7-2-49　牙齿

哺乳类的消化道(图 7-2-50)包括口腔、食道、胃、小肠、大肠和肛门。小肠高度分化,加强了对营养物质的吸收作用,位于小肠与大肠之间的是盲肠,草食性种类的盲肠特别发达,在细菌的作用下,有助于植物纤维质的消化。消化腺主要有唾液腺、肠腺、肝脏和胰腺等,能分泌消化液消化食物。

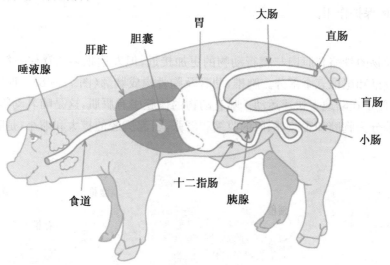

图 7-2-50　猪的消化系统

4. 呼吸系统

呼吸系统由鼻腔、咽、喉、气管及支气管、肺组成。气管壁由许多半环形软骨及软骨间膜所构成,气管到达胸腔时,分为左右支气管,然后不断分支,最后毛细支气管末端连接肺泡,肺泡(图 7-2-51)外面密布毛细血管,是气体交换的场所。肺位于胸腔内心脏的左右两侧,呈粉红色海绵状。

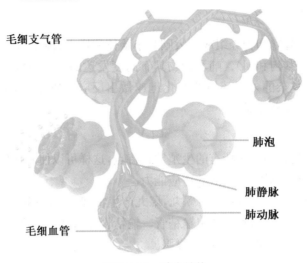

图 7-2-51 肺泡结构

5. 循环系统

哺乳类的心脏有左心房、右心房、左心室和右心室组成,有肺循环和体循环两条血液循环路线,完全的双循环是脊椎动物身体结构与功能趋于完善的一个重要条件。哺乳类的循环系统(图 7-2-52)输送氧的能力很强,能够使身体产生大量的热量,同时身体有调节体温的结构,因此可以保持恒定的体温。

哺乳类通过血液循环,将养料和氧气送给全身各器官、系统,同时各器官、系统产生的二氧化碳及其他废物分别由呼吸系统和泌尿系统排出体外。

6. 泌尿系统

哺乳动物有肾脏一对,紧贴于腹腔背壁,脊柱两侧。由肾门各伸出一条输尿管,进入用于储存尿液的膀胱,其后部缩小通入尿道。雌性尿道开口于阴道前庭,雄性尿道很长,兼作输精用(图 7-2-53)。

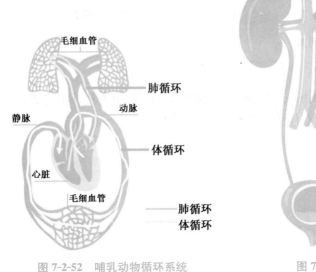

图 7-2-52 哺乳动物循环系统

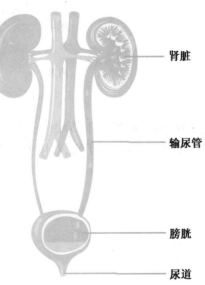

图 7-2-53 泌尿系统

7. 神经系统和感觉器官

神经系统由脑、脊髓和神经组成。大脑和小脑体积增大、神经细胞所聚集的皮层加厚并且表面出现了皱褶（沟和回）。哺乳动物具有高度发达的神经系统，能够有效地协调体内环境的统一并对复杂的外界环境的变化迅速做出反应。哺乳动物的感觉器官非常发达，尤其是嗅觉和听觉高度灵敏。

8. 生殖和发育

胎生和哺乳是哺乳动物所特有的生殖发育特点，这样可以使后代的成活率大大提高，而且也增强了哺乳动物对陆上生活的适应能力。

雄性生殖系统（图 7-2-54）有一对睾丸，睾丸产生精细胞，分泌雄性激素。在睾丸端部的盘旋管状构造为附睾。由附睾伸出输精管。输精管经膀胱后面进入阴茎而通体外。在输精管与膀胱交界处的腹面，有一对精囊腺。

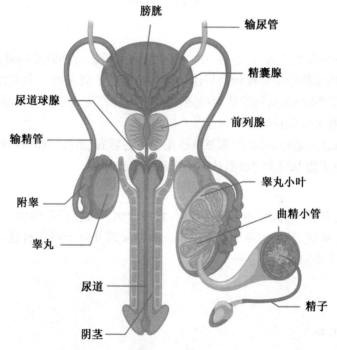

图 7-2-54　哺乳动物的雄性生殖系统

雌性生殖系统（图 7-2-55）由一对卵巢，一对输卵管，子宫、阴道和外阴构成。哺乳类的子宫有多种类型，有单子宫、双体子宫及分隔子宫等等。

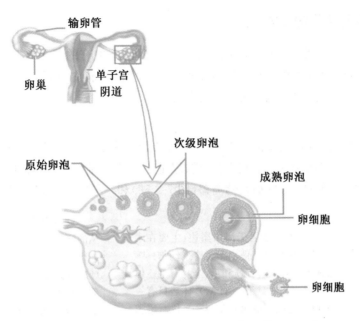

图 7-2-55 哺乳动物的雌性生殖系统

哺乳类进行体内受精,雌雄生殖器官发育成熟后,就会进行交配,雄性的精子进入雌性的体内与卵细胞结合形成受精卵,完成受精作用。除了单孔目的动物外,哺乳动物受精卵在母体的子宫内,经过细胞分裂和分化,发育成胚胎,胚胎在子宫里继续发育成胎儿。除了有袋目动物外,哺乳动物胎儿发育过程中所需营养的获得及废物的排出都要经过母体子宫内的特殊结构——胎盘(图 7-2-56),所以胎盘是胎儿与母体进行物质交换的器官,也是哺乳动物所特有的结构。胚胎在母体的子宫里发育成胎儿(图 7-2-57)后,就从母体产出,这种生殖方式叫胎生。所有的哺乳动物胎儿产出后,母体用乳汁哺育幼体。

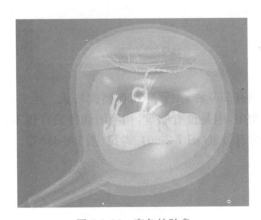

图 7-2-56 家兔的胎盘

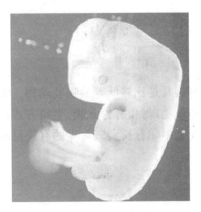

图 7-2-57 家兔的胎儿

综上所述,哺乳动物是体表被毛;牙齿有门齿、臼齿和犬齿的分化;体腔内有膈;用肺呼吸;心脏四室;体温恒定;大脑发达;胎生、哺乳的脊椎动物。

（二）哺乳动物的多样性

哺乳动物的种类很多，全世界大约有 4 000 多种，其中有的善于在陆地上奔跑，有的能够在空中飞翔，也有些种类常年生活在水中，善于游泳，捕食鱼虾。与哺乳动物不同的生活习性相适应，它们的形态结构也千姿百态。

1. 单孔目

最低等的哺乳动物，现存种类不多，仅分布在澳大利亚一带。其共同特征是身体的后端只有一个孔——泄殖腔孔，生殖细胞、粪、尿都由这个孔排出体外；卵生；用乳汁哺育幼兽。单孔目的动物有两种，分别是鸭嘴兽(图 7-2-58)和一种针鼹(图 7-2-59)。

鸭嘴兽栖居于河川岸边，主要在水底觅食鱼虾及其他小型无脊椎动物。嘴似鸭嘴，指趾间有蹼和爪，全身有毛。体温不大恒定(24 ℃～34 ℃)，体后只有一个泄殖腔孔。雌兽产卵 1～3 枚。雌鸭嘴兽有乳腺，但无乳头。

针鼹栖息于多石、多沙和多灌丛的区域，夜间主要靠听觉和嗅觉进行活动，遇到敌害会卷成一个刺球。针鼹吻细长，适应食蚁生活。爪强有力，适于挖掘。繁殖习性很特别，雌兽把卵直接由泄殖孔产到育儿袋中，10 天后，幼仔破壳而出，在袋中靠母乳生活约 2 个月。

图 7-2-58　鸭嘴兽

图 7-2-59　针鼹

2. 有袋目

有袋目是比较低等的哺乳动物。大约有 250 种，主要分布在澳大利亚。其主要特征是身体被毛，母兽有育儿袋；生殖方式是胎生，但是没有胎盘，初生的幼兽发育很不完全，在育儿袋中哺育长大。常见的有袋目动物有袋鼠(图 7-2-60)、考拉(图 7-2-61)等。

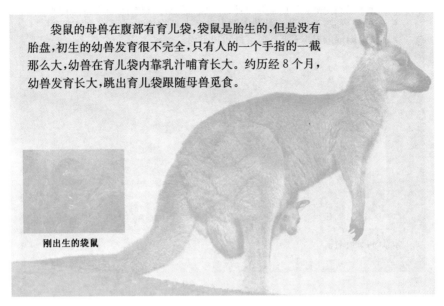

袋鼠的母兽在腹部有育儿袋,袋鼠是胎生的,但是没有胎盘,初生的幼兽发育很不完全,只有人的一个手指的一截那么大,幼兽在育儿袋内靠乳汁哺育长大。约历经 8 个月,幼兽发育长大,跳出育儿袋跟随母兽觅食。

刚出生的袋鼠

图 7-2-60　袋鼠

树袋熊也叫考拉,是澳大利亚的国宝。考拉以桉树叶为食,并从中获得 90% 的水分。考拉每天 18 个小时处于睡眠状态,性情温顺,体态憨厚。考拉每年只能繁殖一个。

图 7-2-61　考拉

3. 翼手目

翼手目的动物是能够飞翔的哺乳动物。其特征是前后肢和尾之间连以皮膜,形成两翼,能够飞行;牙齿细小而尖锐。翼手目有接近 1 000 种,其食性相当广泛,有些种类以花蜜、果实等植物性食物为食,有的可以捕食鱼、青蛙、昆虫,吸食动物血液,甚至捕食其他翼手目动物,常见的种类有东方蝙蝠(图 7-2-62)等。

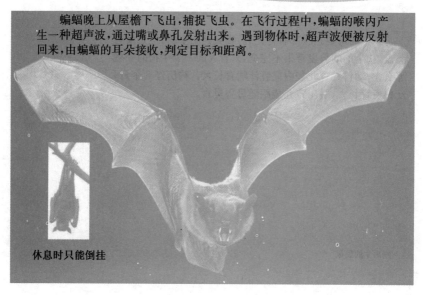

蝙蝠晚上从屋檐下飞出，捕捉飞虫。在飞行过程中，蝙蝠的喉内产生一种超声波，通过嘴或鼻孔发射出来。遇到物体时，超声波便被反射回来，由蝙蝠的耳朵接收，判定目标和距离。

休息时只能倒挂

图 7-2-62　东方蝙蝠

4. 鲸目

鲸目都生活在水中。多数生活于海洋，如鲸（图 7-2-63）、海豚（图 7-2-64）等；少数生活在江河中，如白鳍豚等。其共同特征是终生生活在水里；胎生、哺乳；皮肤无毛；前肢和尾部都变为鳍状，后肢退化。现在有学者认为鲸目要与偶蹄目合并。

思考与讨论：
　　鲸与鱼类有哪些显著的区别？

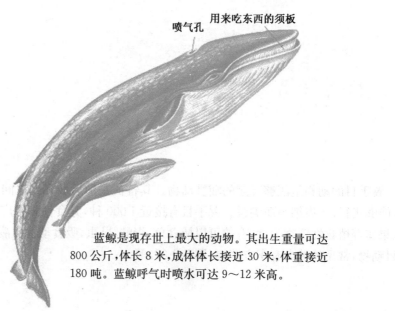

喷气孔　　用来吃东西的须板

蓝鲸是现存世上最大的动物。其出生重量可达800公斤，体长 8 米，成体体长接近 30 米，体重接近180 吨。蓝鲸呼气时喷水可达 9～12 米高。

图 7-2-63　蓝鲸

海豚是中小尺寸的鲸类。多数海豚头部由于透镜状脂肪的存在,喙前额头隆起,此类构造有助于聚集回声定位和觅食发出的声音。有些海豚是高度社会化物种,并表现出非常高的智商。

图 7-2-64　海豚

小百科

白鳍豚

　　白鳍豚是中国特有的淡水鲸类,仅产于长江中下游。身体呈纺锤形,全身皮肤裸露无毛,有长吻,眼小而退化;声呐系统特别灵敏,能在水中探测识别物体。背鳍呈钝三角形,鳍肢与尾鳍均向水平方向平展。体背部青灰色,腹部白色,鳍也为白色,因而得名白鳍豚。白鳍豚生活于长江中下游一带,种群数量很小,为我国特有的珍稀水生兽类,属于国家一级保护动物,近年来的科考中未在长江发现其踪迹。2007 年 8 月 8 日,《皇家协会生物信笺》期刊内发表报告,正式公布白鳍豚功能性灭绝。

　　5. 食肉目

　　食肉目俗称猛兽或食肉兽。其共同特征是:大多数种类体型矫健,性情凶猛,生活方式为掠食性。食肉目的动物四肢的趾端具锐爪,以利于捕捉猎物。其门齿不发达,犬齿长大,白齿的咀嚼面上有尖锐的突起,白齿中有强大的裂齿,便于撕咬动物。虎(图 7-2-65)、狮(图 7-2-66)、狼(图 7-2-67)及大熊猫(图 7-2-68)、小熊猫(图 7-2-69)等都是食肉目动物。

虎是山地林栖动物,全身长满黄黑相间的毛,前额有似"王"字形的斑纹。其四肢强健,指和趾端长着能伸缩的利爪。除雌虎带幼崽期间,独居,经常在黎明和黄昏时分活动,悄悄潜伏在树丛中,等猎物靠近时突然跃起袭击。

图 7-2-65　虎

狮子以家庭为单位,由一头雄狮为王,附属 1～6 头雄狮,4～12 头成体雌狮和它们的幼崽组成。狮王享有绝对权威,保卫领地和雌狮不受外来雄师的侵扰,雄狮颈鬣发达,茶褐色到浅红棕色,头和体长 2.6～3.3 米,体重 150～250 公斤,雌狮比较小。

雄狮

雌狮

图 7-2-66　狮

狼是狗的"祖先",狼适应性强,分布广,喜群居。两耳直立,嘴比狗略尖,牙齿也比狗的大。基本体色呈灰黄,其间有黑、褐、乳白等杂色毛。嗅觉非常灵敏,性情机警。四肢强健有力,身体轻捷,奔跑起来时速可达 56 公里。

图 7-2-67　狼

大熊猫是杂食动物。现在大熊猫的
臼齿发达,爪子除了五趾外还有一个"拇
指",主要起握住竹子的作用。大熊猫体
内有纤毛虫,帮助植物性食物的消化与
利用。

图 7-2-68 大熊猫

小熊猫外形像猫,全身
红褐色。圆脸,吻部较短。
四肢粗短,尾长有 12 条红
暗相间的环纹;小熊猫平日
栖居于大的树洞或石洞中。
早晚出来活动觅食,白天多
在洞里或大树的荫深处睡
觉。善于攀爬,往往能爬到
高而细的树枝上休息或躲
避敌害。

图 7-2-69 小熊猫

6. 偶蹄目

偶蹄目多为大型、中型的草食性陆生有蹄类哺乳动物。其共同特征是每肢有两指
(趾),发达,着地,其余各指(趾)退化,指(趾)末端有蹄。牛、羊、猪、长颈鹿(图 7-2-70)、梅
花鹿、骆驼(图 7-2-71)及河马(图 7-2-72)等都属于偶蹄目。

长颈鹿是当今世界上最高的动物。最高可达6米。其生活在干旱而开阔的草原地带，好群居。听觉和视觉非常敏锐。善跑，时速可达50多公里，长颈鹿应付敌害的办法，除了逃跑，还可以头撞脚踢。

图 7-2-70　长颈鹿

骆驼高大，上唇中央有裂，鼻孔内有瓣膜可防风沙。背具驼峰，尾较短。脚掌下有宽厚的肉垫。全身被以细软的绒毛。生活于戈壁荒漠地带。骆驼性情温顺、机警、灵敏，奔跑较快且持久，能耐饥渴及冷热，故有"沙漠之舟"的称号。

图 7-2-71　骆驼

河马是陆生,体型第三的动物,体长约4米,体重达3吨,脚有4趾,眼、耳较小,嘴特别大,尾较小,下犬齿巨大,皮较厚,全身皮肤几乎裸露。生活于非洲热带水草丰盛地区,常由10余只组成群体,白天几乎全在水中,食水草,食量大。

图 7-2-72 河马

7. 奇蹄目

奇蹄目的共同特征是每肢有一指(趾)或三指(趾),特别发达,指(趾)末端有发达的蹄,其余各指(趾)都已退化。常见的种类有马、斑马(图7-2-73),犀牛(图7-2-74)和貘(图7-2-75)等。

斑马是非洲特产哺乳动物。主要食物是草、树枝、树叶,甚至树皮也可食。身上条纹可以在阳光下模糊体型轮廓,让天敌难以将捕捉目标锁定在幼崽身上,是适应环境的保护色。

图 7-2-73 斑马

犀牛是陆生第二大动物,分布在非洲和亚洲南部,头部有一个或两个角,犀牛角是珍贵的药材和收藏品,导致犀牛遭到大量捕杀,濒临灭绝。

图 7-2-74 犀牛

貘是最原始的奇蹄目动物。其前肢四趾后肢三趾。躯体粗壮笨重,体长近 2 米,皮肤厚韧,毛被稀少。鼻端向前突生,能自由伸缩。尾极短。体被硬毛。

图 7-2-75　貘

8. 长鼻目

长鼻目动物是现存最大的陆生动物。栖息于森林、大草原以及河谷等地带。均喜欢集群生活。以植物性食物为食。现仅存有亚洲象、非洲象(图 7-2-76)、非洲森林象 3 种。主要特征是体躯庞大,鼻呈圆筒形而且特别长,皮厚毛稀,四肢粗大如柱。

长长的象鼻由上唇和鼻子扩大而成。喝水时用象鼻吸好再往嘴里放。在鼻腔后面食道上方有一块软骨,吸水时,它会自动将气管盖上,以免呛了肺。

图 7-2-76　非洲象

9. 灵长目

灵长目主要分布于亚洲、非洲和美洲温暖地带,是最高等的哺乳动物。大脑发达,行为复杂,是重要的科学研究实验动物、著名观赏动物,与人类有较近的亲缘关系。其主要特征:大多为杂食性,手和足都能握物,两眼生在前方,大脑发达,行为复杂。常见的种类有猕猴(图 7-2-77)、黑猩猩(图 7-2-78)和大猩猩等。

实践活动

组织学生参观标本馆或者动物园,观察记录不同哺乳动物的特征。

猕猴白天栖息在树林中,夜间在树上或岩壁上过夜。善于攀缘跳跃,其前肢与后肢大约同样长,拇指能与其他四指相对,抓握东西灵活,平时采食野果和野菜,也吃鸟卵和昆虫。

图 7-2-77 猕猴

黑猩猩是与人类亲缘关系最近的类人猿。其大脑发达;手足都有五趾,而且拇趾与其他四趾相对生,便于抓握;能够直立,没有尾巴;面部表情丰富。黑猩猩是群居生活的,它们生活在非洲的森林里,主要以植物为食,也吃昆虫和某些小型兽类。

图 7-2-78 黑猩猩

主要术语 ▶

胎生　胎盘　膈门齿　犬齿　臼齿

【请写出哺乳纲动物知识网络图】

练习与巩固

1. 哺乳纲动物的特征不包括　　　　　　　　　　　　　　　　　　（　　）

　　A. 体表有毛,体腔中有膈

　　B. 心脏两心房两心室,双循环,是恒温动物

　　C. 用肺呼吸,水中的哺乳动物用鳃辅助呼吸

　　D. 生殖方式是胎生、哺乳

2. 哺乳动物的体腔不同于其他动物的明显特征是　　　　　　　　　（　　）

　　A. 体腔较大　　　　　　　　　B. 体腔内有隔

　　C. 体腔内有心、肺等器官　　　D. 体腔由肌肉和骨骼围成

3. 胎生相对于其他生殖方式的优势在于　　　　　　　　　　　　　（　　）

　　A. 提高了后代的成活率　　　　B. 使后代的数量大大增加

　　C. 增强了后代的体质　　　　　D. 减轻母体负担

4. 蝙蝠与鸟类相似的特征是　　　　　　　　　　　　　　　　　　（　　）

　　A. 都有由骨骼和肌肉、羽毛形成的两翼

　　B. 都有角质的喙,口中没有牙齿

　　C. 胸部具有龙骨突,胸肌发达

　　D. 生殖都为卵生

5. 与家兔草食性相适应的消化系统的特点有　　　　　　　　　　　（　　）

　　①门齿发达　②犬齿锐利　③臼齿宽阔　④消化道长　⑤消化道短　⑥盲肠发达

　　A. ①②④⑥　　　B. ②③④⑥　　　C. ①③④⑥　　　D. ②③⑤⑥

6. 肉食动物牙齿的特征是　　　　　　　　　　　　　　　　　　　（　　）

　　A. 门齿发达　　　B. 犬齿发达　　　C. 臼齿发达　　　D. 犬齿退化

参考文献

[1] 刘小群,吴启仁. 机械设计基础[M]. 北京:人民邮电出版社,2007

[2] 张建中. 机械设计基础[M]. 徐州:中国矿业大学出版社,2002

[3] 金桂霞,刘艳杰. 机械设计[M]. 天津:天津大学出版社,2008

[4] 陈立德. 机械设计基础[M]. 北京:高等教育出版社,2002

[5] 潘旦君. 机械基础[M]. 北京:高等教育出版社,2008

[6] 杨可桢,程光蕴. 机械设计基础(第五版)[M]. 北京:高等教育出版社,2006

[7] 胡家秀. 机械设计基础[M]. 北京:机械工业出版社,2003

[8] 张策. 机械原理与机械设计[M]. 北京:机械工业出版社,2004

[9] 李敬. 机械设计基础[M]. 北京:电子工业出版社,2005

[10] 陆萍. 机械设计基础[M]. 济南:山东科学技术出版社,2005

[11] 徐时彬,郭紫贵. 机械设计基础[M]. 北京:国防工业出版社,2008

[12] 张鄂. 机械设计基础[M]. 北京:机械工业出版社,2010

[13] 薛铜龙. 机械设计基础[M]. 北京:电子工业出版社,2011